枣病虫害诊治原色图谱

ZAO BINGCHONGHAI ZHENZHI
YUANSE TUPU

主　编　冯玉增　宋梅亭
副主编　王坤宇　王立新
编著者　李建成　叶如意　王松林

科学技术文献出版社
Scientific and Technical Documents Publishing House
北　京

内 容 提 要

该书全面系统地介绍了枣病虫害鉴别与无公害防治方面的知识。内容包括危害枣的病原、害虫形态特征、危害特点、发生规律及无公害综合防治知识。该书内容新颖，图文并茂，以图为主，信息量大，既突出了农业和生物防治，也介绍了无公害化学农药防治技术。特点是每种病虫都配有多幅彩色图片，易识易辨，通俗易懂，可供果树站、植保站、果树科技人员、农资系统、农林院校师生及广大果农从事生产参考使用。

科学技术文献出版社是国家科学技术部系统惟一一家中央级综合性科技出版机构，我们所有的努力都是为了使您增长知识和才干。

目 录

第一章 枣病害鉴别与无公害防治 /1

第二章 枣害虫鉴别与无公害防治 /31

第一章

枣病害鉴别与无公害防治

一、枣果软腐病

1. 病原 为接合菌门匍枝根霉菌：*Rhizopus stolonifer*(Ehrenb. et Fr.) Vuill.。危害果实。

2. 症状鉴别 引起果实溃疡或软腐，初现白色菌丝，后在烂果表面产生黑霉，即病原菌菌丝体、孢囊梗和孢子囊。(图 1-1)

图 1-1 枣果软腐病

3. 发病规律 病菌广泛存在于土壤、粪肥、枯枝、落叶、落果及空气中，由伤口侵入，危害近成熟及贮藏运输期的果实。病害可以通过病、健果接触蔓延。温暖潮湿利于发病，枣园通风透光不良、低洼积水以及各种原因造成的果实伤口易诱发病害发生。

4. 防治要点

(1) 农业防治：加强枣园管理，合理修剪，及时灌排水，改善通风、透光条件；在果园农事操作及果实采摘等过程中尽量避免损伤果实。

(2) 保持运输、贮藏场所及用具清洁，减少病菌感染；有条件者采用低温贮藏果实。

(3) 药剂防治：采用高效、低毒、低残留的杀虫、杀菌剂防治蛀果害虫和枣病害。

二、枣缩果病

1. 病原 为噬枣欧文细菌：*Erwinia jujubovra* Wang Cai Feng et Gao。该病又称束腰病、雾抄、雾掠、烧茄子病，危害果实。

2. 症状鉴别 果实染病后逐渐萎缩，未熟脱落。病果味苦，无食用价值。受害果进入白熟末期，梗洼着色变红时开始显现病症。初期，果皮上出现浅黄色晕环病斑，环内略凹陷；中期，随病情发展，病斑转呈水渍状，边缘不清，疏布针刺状圆形褐点，果肉变成土黄色且质地松软，果皮暗红色且失去光泽，果柄变为黄色；后期，病果失水皱缩，果肉呈浅褐色海绵状，味苦，易落果。(图 1-2)

图 1-2　枣缩果病前期、中期及后期（由上至下）

3. 发病规律　该菌靠昆虫和雨水、灌溉水传播。病原细菌从害虫（蚜虫、蝉、蝽象等）刺吸伤口侵入。发病期与果实发育期及气候因素密切相关，果实梗洼变红至果面 1/3 变红的着色前期、果肉含糖量达到 18% 以上、气温 22 ~ 28℃是发病高峰期，这时遇有阴雨连绵或夜雨昼晴的天气常暴发成灾。河南新郑枣区的灰枣、木枣、灵枣最易感病，新郑六月鲜次之。

4. 防治要点

(1) 选用抗病品种：如山东的圆铃系、长红品种及河南的八月炸、九月青、齐头白、马牙枣、鸡心枣等。

(2) 农业防治：加强枣园管理，合理修剪，保持园内通风、透光良好；培养壮树，提高枣树抗病能力。

(3) 药剂防治：8 月果实白熟末期，树冠喷洒 50% 琥胶肥酸铜（DT）可湿性粉剂 600 倍液或 47% 加瑞农可湿性粉剂 800 倍液、72% 农用硫酸链霉素 3000 倍液，8 ~ 10 天防治 1 次，连续防治 3 ~ 4 次；特别注意雨后及时喷药。每次喷杀菌剂时均应混入 90% 晶体敌百虫，兼治传毒昆虫（蚜虫、蝉、蝽象等）。

三、枣果青霉病

1. 病原　为半知菌类白孢意大利青霉菌：*Penicillium citrinum*

Thom。危害果实。

2. 症状鉴别　受害果实变软，果肉变褐腐烂，果胶外溢，果面发黏，具有特异的霉味、苦味，品质变坏无法食用。病果表面生有灰绿色霉层，即为病原菌的分生孢子聚集物；边缘白色，即为菌丝层。（图1-3）

3. 发病规律　病部菌落呈绿色或灰绿色。发病的主要原因是枣果水分偏多。烘制、氽制、真空脱水的红枣由于破坏了外果皮原有性能，枣中水分含量高或管理不善致使库房湿度大时，青霉菌易于感染，使枣果失去应有的商品与食用价值。

4. 防治要点　干枣及蜜枣制品需充分脱水，干枣含水量≤23%，蜜枣含水量≤20%。干枣入库前用甲醛熏库，以杀死病菌。存放期控制贮存场所空气相对湿度，不能长期>80%；雨天闭门窗，晴天开窗通风，排放湿气；枣果放在0～5℃冷库内贮藏。

图1-3　枣果青霉病

四、枣果黑腐病

1. 病原　该病由3种真菌单独或复合侵染引起，分别为链格孢菌［*Alternaria alternata*（Fr.）Keissl］、毁灭茎点霉菌（*Phoma destructive* Plowr）、壳梭孢菌（*Fusicoccum* sp.），均为半知菌类真菌。该病又称铁皮病，俗称雾焯、铁焦、黑腰等，危害枣果。

2. 症状鉴别　果实8月上中旬始见病斑，多从果肩开始，呈现不规则凹陷斑，边缘清晰，病斑向果顶扩展，直至整个果实变为黄褐色，渐变为红褐色至暗红色，失去光泽，外观呈铁锈色（因此又称铁皮病），病果肉变为浅黄至褐色，呈海绵状坏死、变苦，病果易脱落。（图1-4）

3. 发病规律　病菌均以菌丝体、分生孢子器或分生孢子在病部越冬，从开花后到果实成熟均可侵染，发病期为果实白熟期，果实着色期开始显现病症，采收后病情继续扩展。果实生长期、成熟期多雨，湿度大，则发病重。

4. 防治要点

（1）农业防治：加强肥水管理，合理修剪，提高抗病力。为防止采后病情扩展，果实可用沸水烫煮1～2分钟后晾晒或炕烘制干。

图 1-4 枣果黑腐病初期、中期及后期（由上至下）

（2）药剂防治：从 7 月中旬进入雨季或发病初期开始喷洒 70% 代森锰锌可湿性粉剂 500 倍液或 50% 扑海因可湿性粉剂 1000 倍液、75% 百菌清可湿性粉剂 600 倍液、50% 百·硫悬浮剂 500 倍液，10 天防治 1 次，防治 3 ~ 4 次。

五、枣炭疽病

1. 病原 为半知菌类胶孢炭疽菌：*Colletotrichum gloeosporioides* (Penz.) Sacc.。危害枣果、枝、叶。

2. 症状鉴别 果实、枝干、叶均可受害，以果实受害较重，多发生在枣果成熟期至采收后，常造成大量落果。染病果实着色早，果面上产生浅黄色水渍状斑块，中央凹陷、变褐，湿度大时病果表面产生红褐色黏质物，后变为小黑点（即病原菌的分生孢子盘），斑下果肉褐色、质硬、味苦；枝干受害严重时干枯死亡；叶片只在果实采收后染病，叶面出现不规则枯斑。（图 1-5，图 1-6）

3. 发病规律 病菌主要在病僵果、枣吊和枣头中越冬，翌年条件适宜时产生分生孢子，借风雨传播进行初侵染和再侵染。病菌初次侵染从花和幼果开始，可反复侵染多次。病菌生长适宜温度为 22 ~ 28℃，分生孢子萌发需相对湿度达到 95% 以上。雨季早、雨量大的年份和地区，成熟期前或进入成熟期气温高、湿度大，易引起大发生。

4. 防治要点

（1）农业防治：增施腐熟有机肥，合理修剪，适时灌溉，增强树势，提高抗病力；冬、春季彻底

图 1-5　枣炭疽病果

图 1-6　枣炭疽病叶

清除病菌越冬场所的病残体，减少越冬菌源；鲜枣采收后先在 55 ～ 70℃下烘烤 10 小时，然后马上摊开晾晒，可杀死潜伏的病菌，阻止病害继续蔓延。

（2）药剂防治：重病枣园于幼果期雨前喷洒 1 ∶ 3 ∶ 240 倍波尔多液或 80% 多菌灵可湿性粉剂 600 倍液、25% 溴菌腈乳油 400 ～ 500 倍液、2% 农抗 120 水剂 200 倍液等，至采收前喷洒 2 ～ 3 次。

六、枣裂果病

1. 病因　生理性病害，由环境条件不良引起。

2. 症状鉴别　果实将近成熟时，果面裂缝，果肉稍外露，裂果处腐烂变酸，易染病，不堪食用。（图 1-7）

图 1-7　枣裂果病

3. 发病规律　主要是夏季高温导致果皮老化，在果实接近成熟时果皮又变薄，加之土壤水分供应不均衡，如遇连日阴雨后突然转晴，容易引起裂果；此外，也可能与缺钙有关。果实开裂易引起炭疽等病原菌侵入，导致果实腐烂变质，并易被鸟食害。

4. 防治要点　合理修剪，使果树枝组疏密有度，果园通风、透光良好，有利于雨后枣果表面迅速干燥，减少发病；适时灌排水，使果园土壤供水均衡；从 7 月下旬开始结合病虫害防治，每隔 10 ～ 20 天喷 1 次 0.03%氯化钙水溶液，直到采收，可有效缓解裂果的发生。

七、枣褐斑病

1. 病原 为半知菌类聚生小穴壳菌：*Dothiorella gregaria* Sacc.。主要危害枣果。

2. 症状鉴别 枣果发病于果膨大发白近着色时，先在肩部或胴部出现浅黄色不规则病斑；病斑逐渐扩大，病部稍有凹陷或褶皱，颜色渐变成红褐色，最后，病果呈黑褐色，味苦，不堪食用，并易提早脱落。枣果后期受害，果面出现褐色斑点，渐扩大成椭圆形病斑，果肉呈松软状，严重时全果软腐。（图1-8）

图 1-8 枣褐斑病果

3. 发病规律 病菌以菌丝、分生孢子器和分生孢子在病僵果和枯死的枝条上越冬，翌年分生孢子借风雨、昆虫等传播，从伤口、自然孔口处或直接穿透枣果表皮侵入。从幼果期开始侵染，至果实接近成熟时发病，潜育期长，能重复侵染。连绵阴雨、相对湿度大、温度高，则发病早而重；树势弱、虫害重者，发病也重。

4. 防治要点

（1）农业防治：冬、春季清除园中落地僵果并深埋，剪除枯枝、病虫枝并集中烧毁，以减少越冬菌源。加强栽培管理，增施有机肥；适时灌水；科学修剪，合理间作，保持枣园通风、透光良好；增强树势，提高树体抗病性。

（2）药剂防治：于早春发芽前喷洒50%福美双可湿性粉剂600倍液或3～5波美度石硫合剂，消灭越冬菌源。于落花后喷洒50%多菌灵可湿性粉剂500～800倍液或10%世高水分散粒剂1000～1500倍液、1：0.5：200倍波尔多液等，15天喷洒1次，连喷3～4次。

八、枣果锈病

1. 病因 为生理性病害，由自然条件不良引起。

2. 症状鉴别 枣果表面出现一层褐色片状或点状锈斑，影响外观。（图1-9）

3. 发病规律 果锈与栽培管理水平关系较大，凡管理条件好、树势壮、叶片完整者，果锈发生轻或不发生；介壳虫、蝽象、锈壁虱

图 1-9　枣果锈病

等危害重的枣园及多风地区果面易受枝叶摩擦或刺伤者，果锈重；高湿、低温、冷风时易引起果锈，特别是盛花期后 16 ～ 20 天内，空气湿度越高，果锈率也就越高，所以不同年份果锈发生轻重不同；果实含氮、磷高，则果锈轻；幼果期喷洒含硫酸铜高的药剂，易诱发果锈病。

4．防治要点

（1）农业防治：加强枣园的栽培管理，增施有机肥；春季土壤干旱时及时灌水，夏季雨后及时排水预防枣园渍害；增强树势，可减轻果锈发生。

（2）及时防治锈壁虱、介壳虫、蟒象等害虫。

（3）药剂防治：生理落果后喷洒 50% 代森锰锌可湿性粉剂 600 ～ 800 倍液或 40% 多菌灵悬浮剂 600 倍液、25% 腈菌唑乳油 3000 倍液、40% 福星乳油 8000 倍液等，可减少果锈病的发生。

九、枣轮纹病

1．病原　为半知菌类轮纹大茎点菌：*Physalospora piricola* Nose。该病又名枣浆果病，主要危害果实、枣吊、枣头及 1 ～ 2 年生枝。

2．症状鉴别　果实染病时，果面出现褐色、湿润状的小斑点，后迅速扩大为红棕色圆形轮纹状病斑（故称轮纹病）或纵向扩展为梭形凹陷病斑，重者果实腐烂 1/3、1/2 甚至全果，以后失水皱缩变为黑色僵果，故又称黑腐病。后期病斑处出现较大的瘤状黑色霉点，即病菌的分生孢子器；当空气湿度大时，自霉点内涌出较长的白色丝状分生孢子角缠绕果面。（图 1-10）

3．发病规律　病原菌以菌丝体、分生孢子器或子囊壳在病组织内越冬，而以僵果的带菌量最高，翌年春天产生孢子，借风雨传播，由气孔或伤口侵入寄主，进行初侵染，并可进行多次再侵染。病菌一般在幼果期侵入，果实转色期或变白期出现症状，着色期达发病高峰，晾晒期和贮藏期也可以发病。此病的发生和流行与树势、气候、树下间作物、其他病虫危害情况等密切相关：弱树发病重，壮树发病轻；降雨多而早，尤以 7 ～ 8 月连阴雨天持续时间长时，病害易流行；枣

图 1-10 枣轮纹病前期（左）及后期（右）

树行间间作高秆作物、病虫害防治不及时，发病重。

4．防治要点

（1）农业防治：加强栽培管理，增施有机肥，增强树势，提高抗病性；合理修剪，改善树体通风条件；及时灌排水，避免果园渍害；花期不要重开甲，避免削弱树势；枣树行间不要间作高秆作物。

（2）及时防治其他病虫害：减少害虫造成的伤口，防止病菌侵染，增强树体抗病性。

（3）清除菌源：冬季修剪后或春季树体发芽前喷洒3～5波美度石硫合剂或1：1：100倍波尔多液。生长期及时捡拾落地病果，剪除病枝、枯枝，集中深埋或烧毁。晾晒期和贮藏期及时捡拾处理病果、虫果。对用过的晒箔和库房，使用前要用0.1%高锰酸钾溶液或50%多菌灵可湿性粉剂600倍液消毒。

（4）药剂防治：7月上旬发病初期防治是关键，可喷洒70%甲基托布津可湿性粉剂800～1000倍液或50%多菌灵可湿性粉剂600～800倍液、1：1：200倍波尔多液、50%代森锌可湿性粉剂600～800倍液、70%安泰生可湿性粉剂600～800倍液等。

（5）科学采摘和晾晒：减少伤口发生，避免病菌再侵染；提倡用炕烘法制干。

（6）科学贮藏：严格控制贮藏场所温、湿度，贮藏期要保持通风，防止高温、高湿引起病害的发生。

十、枣白腐病

1．病原 为半知菌类橄榄色盾壳霉菌。主要危害叶片和果实。

2．症状鉴别 叶片受害后，形成大小不等、圆形或椭圆形病斑，呈灰白色至褐色，边缘呈暗褐色，后期在病叶两面产生许多小黑点，即病原菌的分生孢子器。果实染病后，在果面产生中间灰白色、边缘暗褐色的圆形、椭圆形或不规则病斑。(图 1-11)

图 1-11　枣白腐病叶

3. 发病规律　病原菌主要以分生孢子器和菌丝体随病残体在地面和土壤中越冬，翌年产生分生孢子，借雨水溅射到叶片上，引起初次侵染，以后在病斑上又产生分生孢子器及分生孢子，再侵染叶片或果实。高温、高湿、多雨、果园郁蔽和间种高秆作物，均有利于发病。

4. 防治要点

(1) 农业防治：不在园地间作高秆作物；合理修剪，保持果园透光良好；雨后注意排水；秋季落叶后及时清理园地病落叶、病落果，集中烧毁或深埋，消灭越冬菌源。

(2) 药剂防治：于发病初期喷洒 50%退菌特可湿性粉剂或 30%王铜悬浮剂 600 ~ 800 倍液，50%百菌清可湿性粉剂 800 ~ 1000 倍液、1∶1∶(200 ~ 300) 倍波尔多液、65% 福美锌可湿性粉剂 300 ~ 500 倍液等，交替使用，10 ~ 15 天喷洒 1 次，连喷 2 ~ 3 次。

十一、枣疮痂病

1. 病原　为半知菌类嗜果枝孢菌：*Cladosporium carpophilum* Thum.。主要危害果实、叶片和新梢。

2. 症状鉴别　果面病斑初期为暗褐色圆形小点，后期变为黑色痣状斑点，直径 2 ~ 3 毫米，受害果面黑斑点点，使枣果降低商品价值，发病严重时病斑常聚合成片。病菌扩展仅限于表皮浅层组织，当病部组织枯死后，果实仍可继续生长，病果因此常发生龟裂。果梗后部受害，果实常早期脱落。新梢被害后，病斑椭圆形隆起，呈浅褐色至暗褐色，病健组织界限明显。叶片被害后，在叶背出现不规则片状失绿斑，上布黑锈色斑点，叶片向叶面卷缩，发病严重时引起落叶。(图 1-12，图 1-13)

3. 发病规律　病菌以菌丝体在病残体上越冬，翌年 4 ~ 5 月产生分生孢子，借风雨传播，侵染寄主。一般幼果期即被侵染，但至枣白熟期后病症表现明显。早熟品种果实发病较轻，晚熟品种果实发病

图 1-12　枣疮痂病果

图 1-13　枣疮痂病叶

较重。当年生的枝条被侵染后，夏末才显现症状，秋季产生孢子，是翌年春季初次侵染的主要来源。果实向阳面及日照强、蟒象危害重的果园，病害发生重。

4. 防治要点

(1) 农业防治：适时疏枝修剪，保持果园及枣树枝组分布合理，使果园通风、透光良好；冬、春季彻底清除园内枯枝、落叶，消灭越冬菌源；夏季高温季节，配合补充树体营养，可实施叶面施肥，通过喷水降低果面温度，避免日灼伤果，减少此病的发生。

(2) 药剂防治：春季发芽前，全树均匀喷布 3 ～ 5 波美度石硫合剂或五氯酚钠 200 倍液，消灭越冬病菌。生理落果后，每隔 10 ～ 14 天喷洒 1 次杀菌剂，直到采收，可喷洒 65% 代森锌可湿性粉剂 500 倍液或 75% 百菌清可湿性粉剂 500 ～ 600 倍液、50%多菌灵可湿性粉剂 600 倍液，或者 70% 甲基托布津可湿性粉剂或 70% 代森锰锌可湿性粉剂 700 倍液、25% 腈菌唑乳油 2000 ～ 3000 倍液。

十二、枣煤污病

1. 病原　为半知菌类煤炱菌。主要危害叶片、枝条和果实。

2. 症状鉴别　叶片、枝条、果面上为黑色霉菌所覆盖，整个树冠全呈黑色，故又名枣黑叶。枣龟蜡蚧等介壳虫和蚜虫危害叶片、枣吊和幼果，排泄物粘在叶、枝、果上，引起煤污菌的寄生，首先出现小而圆的黑色煤点，最后叶、枝、果皆呈黑色。煤粉状物有时可以剥落或被雨水冲刷掉。连年成灾区，新梢萌发少，花量小，花期短，坐果少，落果多，果实瘦小，产量低，个别果园绝产。(图 1-14)

3. 发病规律　病原菌以菌丝、分生孢子和子囊孢子在病叶、病枝、病果上越冬，由枣龟蜡蚧、康氏粉蚧等介壳虫、蚜虫、粉虱及风雨、

图 1-14　枣煤污病叶

露水滴传播，进行重复侵染。6 月下旬至 9 月上、中旬是枣龟蜡蚧、康氏粉蚧等介壳虫的危害盛期，当发生量大时，叶枝上黏附其大量排泄物，以此为营养，诱发煤污病菌大量繁殖，煤污菌丝布满叶、枝及果面，严重影响光合作用和果实生长。7 月中旬至 8 月中旬为发病盛期。当寄主叶、枝、果粘有蚧、蚜分泌、排泄物，果园通风、透光不良，高温、高湿及果园郁蔽，连阴雨天气时，煤污菌易寄生发病。介壳虫或蚜虫密度大，往往导致病害的大流行。

4. 防治要点

(1) 农业防治：秋季清扫病落叶，高温堆沤或烧毁、深埋，消灭越冬菌源。加强果园管理，合理灌水、施肥，培育壮树，提高枣树抗病能力；合理修剪，改善枣园小气候，保证通风、透光良好；雨后及时排水，防止湿气滞留。

(2) 及时防治介壳虫及蚜虫、粉虱等。

(3) 药剂防治：于点片发生阶段，及时喷洒 40% 克菌丹可湿性粉剂 400 倍液或 40% 大富丹可湿性粉剂 500 倍液、50% 可灭丹可湿性粉剂 800 倍液、40% 多菌灵胶悬剂 600 倍液、50% 多霉灵可湿性粉剂 1000 倍液、65% 抗霉灵可湿性粉剂 1500 倍液，15 天左右喷洒 1 次，视病情防治 1 ~ 2 次。

十三、枣白粉病

1. 病原　为半知菌类粉孢菌。主要危害毛叶枣（又名印度枣、滇刺枣、缅枣）嫩梢、叶和幼果。

2. 症状鉴别　叶片受害时，先从中下部叶开始，逐渐向上部蔓延；发病初期，在叶背出现白色菌丝，重者白色菌丝和白色粉状物(病菌分生孢子）布满叶背，叶片正面出现褪绿或黄褐色不规则病斑；受害叶片后期呈深黄褐色，易脱落。嫩梢受害时，白色菌丝和白色粉状物布满整个枝条，嫩叶呈黄褐色皱缩而枯死。果实受害以果实膨大期最为严重，幼果期次之，花期受害较少，严重时白色菌丝和白色粉状物可布满全果；果实受害后果皮变麻、皱缩，呈褐色或黄褐色，易脱落或枯死。(图 1-15)

图 1-15 枣白粉病叶

3. 发病规律 病原菌以菌丝体在病梢内、病叶及干僵果上越冬，翌年春季枣树展叶和生长期，病原菌产生大量的分生孢子，借风雨传播，进行多次再侵染。夏季高温不利于病原菌生长。春、秋季多雨潮湿、果园郁蔽、通风透光不良者发病重。

4. 防治要点

（1）农业防治：冬、春季彻底清除园内枯枝、落叶和残留的僵果，深埋或烧毁，消灭越冬菌源。加强枣园管理，合理整形修剪，保持果园通风、透光良好；雨后及时排水，防止果园渍害。

（2）药剂防治：冬季修剪后或发芽前 15 天，树体喷洒 3 ~ 5 波美度石硫合剂，杀灭树体上越冬病菌。春季于发病初期，喷洒 25%粉锈宁可湿性粉剂或 20%三唑酮乳油 2000 ~ 2500 倍液，或 36%甲基硫菌灵悬浮剂 800 ~ 1000 倍液、77%氢氧化铜可湿性粉剂 1000 倍液、50%硫悬浮剂 400 ~ 500 倍液、25%腈菌唑乳油 3 000 倍液等，10 ~ 20 天喷洒 1 次，连喷 3 ~ 4 次。

十四、枣疯病

1. 病原 称枣植原体，是介于病毒和细菌之间的多形态的质粒：Jujube witches broom *Phytoplasma*。该病又称丛枝病，俗称“疯枣树”、“公枣树”，危害花、果、芽、叶。

2. 症状鉴别 发病树很少结果，发病 3 ~ 4 年后即可整株死亡。地上部染病主要表现为花变叶和主芽的不正常萌发，造成枝叶丛生现象。花变叶：花器退化，花柄较健花花柄长 5~7 倍，萼片、花瓣和雄蕊均可变为小叶，雌蕊变成小枝。病果：病花一般不能结果，少数结果者也提早脱落；果实染病，变小，变瘦，果端呈锥形，果面凹凸不平、红绿相间，呈花脸状，内部组织空虚，不堪食用。芽和枝：病株 1 年生发育枝上的正芽和多年生发育枝上的隐芽大部分萌发成发育枝，其上的芽继续萌发成小枝，如此逐级生枝；病枝纤细，节间缩短，叶片小而萎黄，秋季丛枝干枯但叶不易脱落。叶片：花叶型，多发生在嫩枝顶端，先是叶变黄，叶脉仍绿，以后整个叶片黄化，叶的边缘向上反卷，叶色暗淡，叶尖边缘焦枯，重者病叶脱落；花后长出的叶片较小，叶脉褪绿成明脉，叶色翠绿，有时在叶背面的主脉上再长出一小的明脉叶片，呈鼠耳状，秋季叶片不易脱落。地下部染病：主要表现为根蘖丛生。由于主根不定芽大量萌发，多长出一丛丛的短病枝，同一条侧根上可出现多丛病枝，枝叶细小，黄色，长至0.3米左右即停止生长，后全部焦枯成刷状而枯死；后期病根皮层腐烂，重者全株死亡。（图1-16～图1-18）

图1-16　枣疯病病梢

图1-17　枣疯病根蘖苗

图1-18　枣疯病花枯

3．发病规律　病原菌主要通过各种嫁接方式和危害枣树的各种叶蝉带毒传染，土壤、花粉、种子、汁液及病健根的接触均不能传病。6月底以前嫁接及根部嫁接当年可发病，6月底以后嫁接则在翌年开花时呈现症状。皮接块数越多，发病越快；土壤干旱瘠薄、肥水条件差、管理粗放、病虫害严重、树势衰弱者发病重；反之则轻。不同的枣树品种抗病性不同。发病初期，多是从一个或几个大枝及根蘖开始，症状表现是由局部扩展到全树。发病后，小树1～2年、大树4～5年即可死亡。当年实生苗染病后当年即死亡。

4．防治要点

（1）选用抗病酸枣品种和具有枣仁的抗病大枣品种作砧木。

（2）接穗消毒：对于带病接穗，用1000毫克/千克的盐酸四环素液浸泡半小时消毒灭菌。

（3）在无病枣区采取接穗、

接芽或分根进行繁殖；培育无病苗木；苗圃中一旦发现病苗，立即拔除。

(4) 铲除病树，防止传染：及时、彻底地刨除病树，早期消灭传染中心；刨除病树时，应将大根一起刨净，以免萌发。

(5) 加强枣树管理：增施有机肥、碱性肥，适时灌水，增强树势，提高抗病能力。

(6) 主干环剥：由于病菌在树干内传导具方向性，可在春季树液流动前，在枣树主干的中、下部进行环状剥皮，宽 3 ~ 5 厘米，阻止病菌由下向上蔓延。

(7) 防治叶蝉：5 ~ 9 月间，适时喷洒高效、低毒、低残留杀虫剂，防治叶蝉传病。

(8) 灌药防病：于 4 月、8 月在病枝同侧树干钻 2 ~ 3 个孔，深达木质部，将薄荷水 50 克、龙骨粉 100 克、铜绿 50 克研成细粉，混匀后用纸筒倒入孔内，每孔 3 克，再用木楔钉紧，用泥封闭，杀灭病体，根治病害。

(9) 涂去疯灵：春季发芽前，于树干基部开一个环状小槽，深达韧皮部一半，将药液灌入槽内，用塑料薄膜包扎严密，隔 1 个月涂第 2 次；树粗 20 厘米者施 8 克，40 厘米者施 16 克，疗效较好。

十五、枣锈病

1. 病原 为担子菌门枣多层锈菌：*Phakopsora zizyphi-vulgaris* (P.Henn.) Diet.。危害叶。

2. 症状鉴别 发病初期叶片背面散生淡绿色小点，后渐变为暗褐色不规则突起，即病菌的夏孢子堆，多发生于叶脉两侧、叶片尖端或基部；后期叶片正面出现具不规则边缘的绿色小点，叶面呈花叶状，后渐变为灰色；枣果近成熟期即大量落叶，导致枣果未完全长成即失水皱缩或落果，甜味大减。(图 1-19)

图 1-19 枣锈病叶正面及背面

3．发病规律 病原菌以病原孢子在落叶上越冬，随风传播，通常于7月中、下旬开始发病，湿度高时病菌开始侵染，致叶片脱落。地势低洼、行间郁闭者发病重；雨季早、降雨多、气温高的年份发病重。干燥的坡地或岗地和行间开阔、通风良好的枣区，发病较轻。

4．防治要点

（1）农业防治：合理密植，科学修剪，加强肥水管理，增强树势，提高抗病能力；雨季及时排水，防止园内过于潮湿，保持果园通风、透光良好；冬、春季清除园内落叶，集中深埋或烧毁，消灭越冬菌源。

（2）药剂防治：于7月上旬发病前喷洒15%三唑酮可湿性粉剂1500倍液或1∶（2～3）∶300倍波尔多液、20%萎锈灵乳油400倍液、97%敌锈钠可湿性粉剂500倍液、0.3波美度石硫合剂或45%晶体石硫合剂300倍液等。

十六、枣灰斑病

1．病原 为半知菌类叶点霉菌：*Phyllosticta* sp.。主要危害叶片。

2．症状鉴别 叶片染病后，病斑呈暗褐色，圆形或近圆形；后期中央变为灰白色，边缘褐色，其上散生黑色小点，即为病原菌的分生孢子器。（图1-20）

图1-20 枣灰斑病

3．发病规律 病原菌以分生孢子器在病叶上越冬，翌年春分生孢子于潮湿天气借风雨传播，侵染芽和叶。多雨年份发病重。

4．防治要点

（1）农业防治：冬、春季彻底清扫园内落叶，集中烧毁或深埋，减少越冬菌源。

（2）药剂防治：发病初期及时防治，可喷洒50%多菌灵可湿性粉剂或70%甲基硫菌灵可湿性粉剂800倍液、50%扑海因可湿性粉剂1000倍液、56%氧化亚铜水分散粒剂500～600倍液、65%代森锌可湿性粉剂400～500倍液等。

十七、枣叶斑点病

1．病原 为半知菌类枣叶橄榄色盾壳霉菌（*Coniothyrium aleuritis* Teng）和枣叶斑点盾壳霉菌（*C. fuckelii* Sacc）。危害叶、果。

2. 症状鉴别 枣树花期开始染病。叶片染病：初期在枣叶上出现灰褐色或褐色圆形斑点，进而形成大的圆斑；病情严重时，叶片黄化、早落，影响枣树开花和授粉，并导致落叶、落花。果实染病：果面初期出现浅褐色斑点；随病情发展，病斑融合，形成黑褐色圆斑，果实失去商品价值，重者导致落果。（图 1-21 ～图 1-23）

3. 发病规律 病菌在落叶或病果上越冬，春季条件适宜时病菌从叶、果自然孔口侵入，形成初侵染，并可进行重复侵染。春季和夏季雨水多、果园郁蔽重、树势生长弱均发病重。

4. 防治要点

（1）农业防治：冬、春季彻底清理园内枯枝、落叶及病僵果，集中烧毁或深埋，消灭越冬病原菌。

（2）药剂防治：萌芽前，树体喷洒 3 ～ 5 波美度石硫合剂或 1∶1∶100 倍波尔多液。5 ～ 7 月，叶面喷洒 70% 甲基硫菌灵可湿性粉剂 800 ～ 1000 倍液或 50% 多菌灵可湿性粉剂 800 倍液、80% 代森锰锌可湿性粉剂 500 ～ 700 倍液、25% 扑海因悬浮剂 1000 ～ 1500 倍液等，隔 7 ～ 10 天喷 1 次，连喷 2 ～ 3 次。

图 1-21　枣叶斑点病叶

图 1-22　枣叶斑点病果初期（上）及后期（下）

图 1-23　枣叶斑点病病株

十八、枣叶黑斑病

1. 病原　为半知菌类枣假尾孢菌：*Isariopsis imdica var.* Ziziphi。主要危害毛叶枣（又名滇刺枣、印度枣、缅枣、台湾青枣，分布于云南、海南、广东、台湾等产区）叶片。

2. 症状鉴别　叶片染病后，初在病叶背面产生零星黑色小点，以后逐渐扩大成圆形或不规则形的黑色斑；严重时，数个病斑连成大片，在叶片背面呈现烟煤状的大黑斑。叶片正面呈现黄褐色斑点。受害叶片呈卷曲或扭曲状，易脱落。果实变小，品味下降。（图 1-24）

图 1-24　枣叶黑斑病前期、中期及后期（由上至下）

3. 发病规律　在南方枣产区，于 7 月开始零星发生，至翌年 2 ~ 3 月为发病高峰期。发病重时，病株上大部分叶片布满黑色颗粒，部分叶片坏死脱落。未结果的枣园发病轻，已结果的枣园发病重。随着病叶的脱落，健壮植株再次萌发，新生的嫩叶上未见到症状。4 月 ~ 10 月为病害的衰退期。

4. 防治要点

（1）严格实行检疫，防止该病向无病区传播。

（2）农业防治：病区于 3 月病叶脱落后彻底清除园内落叶，深埋或烧掉，减少再侵染菌源。

（3）药剂防治：发病初期及时喷洒 70% 甲基硫菌灵可湿性粉剂 800 倍液或 1 : 1 :（200 ~ 300）倍波尔多液、50% 腐霉利可湿性粉剂 1500 ~ 2000 倍液、62.25% 仙生可湿性粉剂 600 ~ 800 倍液、65% 抗霉威可湿性粉剂 800 ~ 1000 倍液等。

十九、枣花叶病

1. 病原 为花叶病病毒：*Jujube mosaic virus*（JMV）。危害叶片。

2. 症状鉴别 感病后，叶片变小、扭曲、畸形，叶片上叶肉斑点状失绿黄化，呈现绿黄色、深浅相间的花叶状。苗木和大树的嫩梢叶片受害明显，影响枣树的生长和产量。（图 1-25）

3. 发病规律 病毒主要通过叶蝉和蚜虫等刺吸式口器害虫传播，嫁接也能传病。天气干旱、叶蝉和蚜虫数量多者，发病就重。

4. 防治要点

（1）农业防治：加强果园管理，增施有机肥，适时灌水，增强树势，提高抗病能力；注意农事操作，对病株、病枝及时清理，减少传染源。

（2）药剂防治：发病初期，喷洒 20% 病毒 A 可湿性粉剂 500 倍液或 1.5% 植病灵乳油 800 ~ 1000 倍液、10% 的 83 增抗剂 50 ~ 100 倍液。选用低毒、高效的杀虫剂及时防治蚜虫、叶蝉等，防止病毒传播。

二十、枣焦叶病

1. 病原 为半知菌类真菌：*Gloeosporium frucrigenum* Berk。危害叶和枣吊。

2. 症状鉴别 枣树染病后，先是叶片出现灰色至褐色斑，周围呈淡黄色，随病情发展由病斑连成焦叶，最后焦叶呈黑褐色，叶片坏死；病吊上的中、后部枣叶由绿变黄，不枯即落。枣吊上有间断的皮层发褐、坏死，多数由顶端向下坏死枯焦，相当于吊长的 1/10 ~ 1/2。重病树病吊率可达 60%，坐果少而小，且早落，有的植株几乎绝收。重病树在 9 月中、下旬出现二次萌芽，新叶发出后，重新感染发病，导致树势衰弱，影响产量。（图 1-26）

图 1-25 枣花叶病

图 1-26 枣焦叶病

3. 发病规律 病原属于弱寄生菌，在枯叶内越冬。黄淮地区6月中旬始发病，7～8月为发病盛期。凡树势弱、冠内枯死枝多者，发病重；天气干旱、土壤含水量低者病枝率高；水浇地枣树病害轻；发病高峰期降水次数多，病害蔓延速度快；不同品种间抗病性不同。

4. 防治要点

（1）农业防治：冬、春季清除园内焦枝枯叶，集中烧毁或深埋，以消灭越冬病菌。萌叶后剪除未发芽的枯枝，以减少传染源。

（2）药剂防治：发病期的6、7、8月各喷1次25%叶枯净可湿性粉剂500倍液或20%抗枯宁水剂500倍液、30%王铜悬浮剂800倍液，可有效控制病害流行。

二十一、枣树干腐病

1. 病原 为担子菌门硫色干酪菌：*Tyromyces sulphureus* (Bullaexex Fr.) Donx。主要危害树干。

2. 症状鉴别 染病后，立木心材逐渐褐腐，不易发现；5～10年间，树干出现小洞，生长季节不停地有棕色树液外渗；10～20年间，树洞不断扩大；20～30年间，造成枣树纵向破腹，树干内60%～80%已被病菌分泌物所腐蚀，坚硬的主干形成块状解体，对腐朽的木材搓之皆成棕色粉面状。有时边材从树洞内长出须根而成为新的再生根系。在染病枣树基部或树洞周围散生或群生病菌子实体（又叫担子果）。子实体菌盖平展、重叠，片状，柔软，初时黄棕色，夏季干后呈灰白色，较硬。（图1-27，图1-28）

3. 发病规律 此病害具有长期的隐发性，且多发生于主枝分杈处，木材腐朽自上而下、由内向外，发展缓慢，时间长，当发现树干部有棕色树液外渗时染病已有数年。

图1-27 枣树干腐病

图1-28 枣树干腐病菌子实体

老龄、树势衰弱、主枝折断、皮部伤口多、管理粗放、病虫害发生严重的枣园发病重；病菌从伤口侵入，因此风多地区易造成风折伤口者发病多。

4．防治要点

（1）农业防治：加强管理，科学修剪，增施有机肥，合理配方施用氮、磷、钾肥，增强树势，提高枣树的抗病能力；保护树体，发现伤口（特别是风折伤口）要及时将伤口削平后消毒处理，是预防本病的重要有效措施。

（2）药剂防治：发现干腐病子实体应彻底清除，并刮干净感病的木质部，将伤口用1%硫酸铜液或25%多菌灵可湿性粉剂500倍液、50%甲基硫菌灵可湿性粉剂400倍液、80%代森锌可湿性粉剂600倍液、30%王铜悬浮剂300倍液等涂抹以杀菌消毒，再涂波尔多液或煤焦油等保护，以利伤口愈合，减少病菌侵染。清除的干腐病子实体要携出园外，集中销毁。

（3）合理修剪：更新主枝或树冠时，在伤口削平后，用上述杀菌剂涂抹杀菌，并涂白漆以防雨水自伤口入侵并带进病菌。

（4）堵洞口：对已形成的树洞，人工刮去腐朽的木材后，用1%甲醛液及上述药液消毒，然后用沙石、高标号水泥浆封闭树洞。

（5）积极防治其他病虫害。

二十二、枣树腐烂病

1．病原　为半知菌类壳囊孢菌：*Cytospora* sp.。该病又名枝枯病，危害干和枝。

2．症状鉴别　主要表现为幼树和大树衰弱树的枝条发病，常造成枝条枯死。病枝皮层开始变红褐色，渐渐枯死，以后在枯枝上从枝皮裂缝处长出黑色突起小点，即为病原菌的子座。（图1-29）

图1-29　枣树腐烂病

3．发病规律　病原菌以菌丝体或子座在病部越冬，通过风雨和昆虫等传播，经伤口侵入。该菌为弱寄生菌，先在枯枝、死节、干桩、坏死伤口等组织上潜伏，然后逐渐侵染活组织。枣园管理粗放、树势衰弱，则容易感染。

4．防治要点

（1）农业防治：加强管理，多

施有机肥，增强树势，提高抗病力；冬季修剪时，彻底剪除树上的病枝，集中烧毁，以消灭越冬菌源。

（2）药剂防治：结合冬管，或早春喷施65%代森锌可湿性粉剂600倍液、40%多菌灵胶悬剂500倍液，或冬季刮树皮以石灰水涂干。生长季节喷施50%退菌特可湿性粉剂或50%甲基硫菌灵可湿性粉剂800倍液，或1：1：200倍波尔多液。

二十三、枣树枝枯病

1．病原　为半知菌类的壳梭孢菌：*Fusicoccum* sp.。危害营养枝和结果枝（枣吊）。

2．症状鉴别　营养枝染病：一般于6～7月在当年生枝条上出现变色病斑，病斑处出现长圆形或纺锤形的乳白色小突起，后逐渐变褐色至黑褐色，病部凹陷，病斑扩大；或于当年生嫩梢顶部发病，重则致病斑以上部位或嫩梢顶部枯死。结果枝染病：多于6～7月枣果豆粒大小时发生，整个结果枝或顶部部分枯死。（图1-30）

图1-30　枣树枝枯病

3．发病规律　病原菌以菌丝或分生孢子在病组织中越冬，翌年分生孢子借风雨或昆虫传播，通过枝条上的皮孔或伤口侵入寄主。一般大树发病重，小树发病轻；树势愈弱，发病愈重；土壤瘠薄、园地积水、管理粗放及破坏性间作的枣园发病重；枣龟蜡蚧、枣粉蚧等介壳虫和煤污病危害重的枣树发病也重。

4．防治要点

（1）农业防治：冬、春季结合修剪，除去病枝、虫枝、枯枝，集中烧毁，减少越冬菌源；加强枣园综合管理，增施有机肥料，提高土壤肥力，增强树体抗病能力；雨季注意排涝，避免园地积水；保持果园通风、透光良好。

（2）及时防治介壳虫及其他病虫害。

（3）药剂防治：冬季修剪后或春季发芽前，枝干喷洒3～5波美度石硫合剂；或于冬、春季刮病斑后，涂3%别腐烂涂布剂。生长季节，于发病初期及时喷洒50%退菌特可湿性粉剂或50%甲基硫菌灵可湿性粉剂800倍液，或1：1：200倍波尔多液、10%银果乳油800～1000倍液、50%加瑞农可湿性粉剂 600 ~ 800 倍液等。

二十四、枣树白绢病

1. 病原 有性阶段为担子菌门薄膜革菌：*Pellicularia rolfsii* (sacc.)West.；无性阶段为半知菌类小核菌：*Sclerotium rolfsii* Sacc.。危害根颈部及主根和侧根。

2. 症状鉴别 根颈部受害，表面先出现水渍状褐色病斑，上面形成白色绢丝状的菌丝体，随后菌丝覆盖整个根颈部，导致根皮腐烂。在高温、潮湿条件下，白色菌丝层可蔓延至病株周围的地面。后期在病根及地表出现许多白色或棕褐色的小菌核。(图 1-31)

3. 发病规律 以菌丝体在病树染病处或以菌核在土壤中越冬，环境条件适宜时菌丝体和菌核上长出新的菌丝体，从根颈处的伤口侵入而发病。其后，病部产生许多小菌核，借助雨水、灌溉水传播；苗木异地调运是该病远距离传播的主要途径。地势低洼、积水、土壤黏重、管理粗放的枣园发病重。

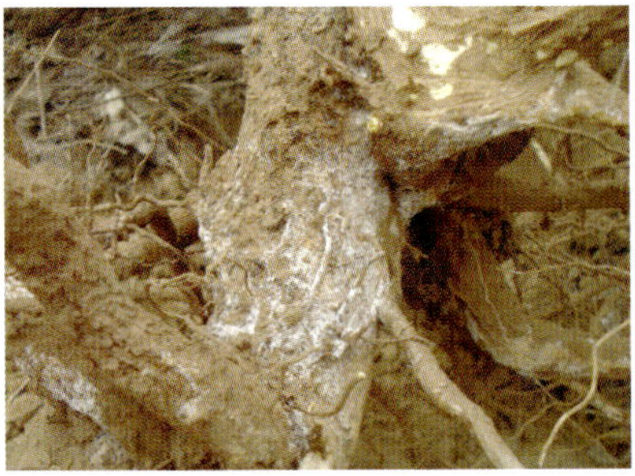

图 1-31 枣树白绢病

4. 防治要点

(1) 农业防治

1) 科学定植：苗木定植时，嫁接口要露出地面，以防土壤中的白绢病菌从嫁接口处侵入。

2) 加强果园综合管理，培育壮树：增施有机肥，注意补充钾肥，改良土壤结构；合理灌排水，防果园积水；保持果园通风、透光良好；提高植株抗病性。

3) 开沟封锁病株：果园初见病树时，即在病树周围开沟，避免病根与邻近果树的健根接触，防止病害蔓延。

(2) 药剂防治

1) 选栽无病苗木及苗木消毒：苗木出圃时，要进行严格检查，发现病苗应予以淘汰。对有染病嫌疑的苗木，可将根部放入 70% 甲基硫菌灵 500 倍液或 20% 王铜悬浮剂 400 ~ 500 倍液中浸渍 10 分钟，然后栽植。

2) 病树的治疗处理：经常检查树体地上部的生长情况，如发现果树生长衰弱、叶形变小或叶色褪绿等症状，及时扒开根部周围土壤进行检查。确定根颈部或根部染病后，先将病部病斑用刀彻底刮除，并用 401 抗菌剂 50 倍液或 1% 硫酸铜液消毒伤口，外涂波尔多液保护，再于根部土壤上浇灌药液或撒施药粉防治，然后覆盖新土。

二十五、枣树木腐病

1. 病原 为担子菌类的裂褶菌：*Schizophyllum commune* Fr.。主要危害树干。

2. 症状鉴别 侵害衰老的枣树皮及边材木质部。病斑多出现在老枣树主枝受伤或锯断后的伤口下方或干部刈枣痕上，病菌寄生后促进木质部由外向内、自上而下腐朽。在死亡的树皮及木质部上散生或群生子实体（又叫担子果），多呈覆瓦状。子实体大小不等，有卵形、纺锤形、长椭圆形等。初夏子实体为灰褐色，质软，水分多，表面光滑；秋天子实体干后，表面呈灰白色，内部褐色，有裂纹，较坚硬。（图 1-32）

3. 发病规律 病原菌多从伤口侵入。子实体于春夏高温、多雨季节、平均气温 25 ~ 32℃时发生程度重，8 月上旬停止增大。老龄、树势衰弱、主枝折断、皮部伤口多、管理粗放、病虫害发生严重的枣园发病重。林间湿度大有利于子实体的产生和孢子的传播。

图 1-32 枣树木腐病

4. 防治要点

（1）农业防治：加强管理，增强树势，提高枣树的抗病能力。

（2）药剂防治：发现木腐病子实体应彻底清除，并刮干净感病的木质部，将伤口用 25% 多菌灵可湿性粉剂 500 倍液、50% 甲基硫菌灵可湿性粉剂 400 倍液、80% 代森锌可湿性粉剂 600 倍液、30% 王铜悬浮剂 300 倍液等常用杀菌剂涂抹杀菌。

（3）合理修剪：更新主枝或树冠时，于伤口削平后，用上述杀菌剂涂抹杀菌，并涂白漆以防雨水自伤口入侵并带进病菌。

（4）积极防治其他病虫害。

二十六、枣树茎腐病

1. 病原 为半知菌类菜豆壳球孢菌：*Macrophomina phaseoli* (Maubl.) Ashby.。该病又名枣苗烂根病，主要危害苗木和幼树。

2. 症状鉴别 苗木染病：发病初期，茎基部出现水渍状赤褐色斑，蔓延包围全茎，并迅速向上扩展，导致叶片变黄、枯萎，逐渐枯死，受害茎基部下陷，皮层紧贴在茎上，缢缩，不易剥离；发病后期，病部产生许多小黑点（即病菌的分生孢子器），潮湿时则出现灰色霉堆（即病菌的分生孢子）。幼树染病：与苗木的症状相同，但从病斑初现到包围茎干一圈的时间比苗木要长一些。感病轻的苗木和幼树偶有根部不死者，可从根颈处萌发新芽。（图1-33）

图 1-33　枣树茎腐病

3. 发病规律　以菌丝体、菌核或分生孢子器在病部和土壤中越冬，翌年春、夏季条件适宜时病菌借风雨、灌溉水传播，由寄主伤口侵入致病。高温、多雨有利于发病，特别是连阴雨的闷热天气，易导致病害暴发流行，因此该病南方重于北方。地势低洼、土壤过湿或雨后园地积水而突然晴热的天气发病重。夏秋高温、干旱，由于日晒使土壤温度升高，苗木茎基部易受高土温的灼伤，为病菌的侵入创造了条件，也有利于病害的发生。

4. 防治要点

（1）农业防治：加强苗圃地和幼树管理，增施优质有机肥料，提高树体抗病能力。

（2）及时排水和灌水：地势低洼、排水不良的地块，注意雨后及时排水。夏季炎热干旱天气要及时灌水，以降低地表温度，防止地表高温灼伤茎基部，减少伤口，防止病菌侵染。

（3）药剂防治：关键是在根部施药，用40%多・锰可湿性粉剂400～600倍液或25%甲霜灵可湿性粉剂100倍液、42%噻菌灵悬浮剂400～500倍液等灌根或涂抹颈基部。

二十七、枣树根朽病

1. 病原　为担子菌类蜜环菌：*Armillariella tabescens*（Scop.et Fr.）Singer。该病又名蘑菇根腐病，主要危害根颈部。

2. 症状鉴别　病树根颈部皮层腐烂，皮层与木质部之间常有白色扇形的菌膜。木质部呈白色海绵状腐朽，并放出蘑菇香味。在病根的皮层内、病根的表面以及病根附近的土壤内，可见深褐色或黑色根状菌索。夏秋季节，在腐朽根上和附近地面上生长出成丛的蜜黄色小蘑菇子实体。受害枣树叶片变小，

枝叶稀疏，重至叶片变黄、早落，最后整株枯死。（图 1-34）

3. 发病规律　病原菌以菌丝体和菌索在病树根部或附近土壤中越冬，翌年春、夏环境条件适宜时形成大量蜜黄色小蘑菇，从小蘑菇上产生大量担孢子，随气流传播，从伤口或残桩处侵入。从死亡的根上长出的新菌丝可以蔓延侵染邻近的健康树根。树势衰弱者易感病。地势低洼、园地常积水、土壤黏重者发病重。

4. 防治要点

（1）农业防治：加强枣园管理，增施有机肥料，雨后及时排水，提高树体抗病能力。

（2）及时采集病菌子实体：既可食用，又可减少病害的侵染来源。

（3）挖沟隔离病株，防止病害向周围健树蔓延。对病树的病根要及时切除并烧毁，切除后伤口涂波尔多液、代森锰锌、百菌清、王铜、菌毒清、腐霉利等杀菌剂杀菌保护。

图 1-34　枣树根朽病

病株周围的土壤用二硫化碳浇灌处理，既对土壤进行消毒，又促进土壤中绿色木霉菌的大量繁殖，病菌被木霉菌侵染而弱化，从而起到抑制其滋生的作用。

二十八、枣树根癌病

1. 病原　为中野杆菌属根癌细菌：*Agrobacterum tumefaciens* (Smith et Towns.) Conn。主要危害根颈部及侧根和支根。

2. 症状鉴别　受害部位形成癌瘤，开始产生的病瘤呈青灰色或肉红色，光滑，质软；以后随着瘤体增大变为褐色或深褐色，癌瘤呈球形、扁球形或纺锤形，内部木质化、坚硬，表面粗糙、龟裂或凹凸不平；有的癌瘤后期腐烂朽枯。枣树根颈受害后，地上部生长缓慢，植株矮小，发育慢，结果少，成为小老树。（图 1-35）

图 1-35　枣树根癌病

3．发病规律 根癌细菌在癌组织的皮层内或土中的病瘤残体上越冬。其主要借雨水和灌溉水传播，另可通过地下害虫（如蛴螬、蝼蛄、线虫等）的危害传播；带病苗木是远距离传播的主要途径。细菌从伤口侵入植物体后，刺激植物细胞迅速分裂，产生大量分生组织，形成癌瘤症状。土壤潮湿、温暖或碱性土壤，地下害虫多，枝干伤口多，均有利于发病。

4．防治要点

（1）严格苗木检疫，不调不栽病苗。

（2）严格苗木的检查和消毒处理：苗圃地实施轮作，尽量不重茬。在苗木出圃时，发现病株要及时除掉。苗木栽植前，用1%硫酸铜溶液浸根5分钟，再用清水冲洗，以防止药害。

（3）土壤处理：对于病株周围土壤，用80%的402抗菌剂2000倍液灌土消毒。

（4）病瘤处理：对于轻病株，将病瘤处切除干净，再用2.2%的843康复剂或0.1%汞水消毒后，涂波尔多液保护伤口。

（5）避免切接苗木，而采用芽接，可防止土壤中的病菌从伤口侵入。

二十九、日本菟丝子害

1.病原 日本菟丝子（*Cuscuta japonica* Choisy），为寄生性种子植物，藤本，无叶，能开花、结果。危害苗圃枣苗及成龄枣树。

2．症状鉴别 日本菟丝子缠绕枣树苗木或成龄树枝条，靠吸根深入树皮中吸收寄主的水分和养料，致枣树叶片变黄或凋萎，严重者枯死。（图1-36，图1-37）

图1-36 日本菟丝子

图1-37 日本菟丝子开花

3. 发病规律 以种子在土壤中越冬，翌年夏初发芽，长出棒状幼苗；长至 9 ~ 15 厘米时，先端开始旋转，碰到树苗即行缠绕，迅速产生吸根与树苗紧密结合，后下部枯死与土壤脱离，靠吸根在寄主体内吸取营养维持生活；幼茎不断伸长向上缠绕，先端与树苗接触处不断形成吸根，并生出许多分枝，形成一蓬无根藤。日本菟丝子多发生在土壤比较潮湿、杂草或灌木丛生的地方。

4. 防治要点

（1）深翻土壤：苗圃育苗前或定植的枣园，于春季深翻土壤，使菟丝子种子翻至土壤深层而不能萌生出土。

（2）春末夏初，发现有菟丝子应立即拔除，深埋或烧毁，以防扩大。

（3）药剂防治：病害发生期，于雨后或傍晚及阴天喷洒“鲁保一号”生物制剂（每毫升水中含活孢子≥ 3000 万个），每 667 平方米用药 2.5 升，7 天喷洒 1 次，连续防治 2 ~ 3 次，或 6% 草甘磷可湿性粉剂 200 ~ 250 倍液。用药前打断菟丝子茎蔓，造成伤口，效果更好。

三十、枣树冻害

1. 病因 为生理性病害，没有传染性，危害幼树根颈和大树的枝条。

2. 症状鉴别 苗木受冻，冻害部位多发生在地面以上 10 ~ 15 厘米至地面以下 2 ~ 4 厘米的根颈部位，嫁接苗多发生在接口以上 2 ~ 4 厘米处。受冻部位的皮色发暗，无光泽，皮层呈褐色或黑褐色，树的迎风面树皮发生纵裂，树皮易脱落，并导致腐烂，严重者整株死亡。大树受冻害后，当年新生枝条受害重；冻害严重时，老枝也受冻，受害部位皮层由褐色变为黑褐色而枯死。

3. 发病规律 造成冻害的原因主要有 2 种：①气象因素，冬季当降雪量较大、日最低气温在 − 10℃以下且持续 10 天以上时，易导致冻害发生；②枣树生长状况，受幼龄枣树、当年新栽植未发芽的苗木、机械损伤严重、管理粗放、苗木生长势弱、未浇封冻水、地势低洼、盐碱重等不利因素影响，冻害发生重。冻害不具有传染性，但冻害造成的伤痕，易遭传染性病菌的侵袭，而加重传染性病害（如枣树腐烂病等）的发生。

4. 防治要点

（1）严把栽植关，选择良种壮苗：要求苗高 80 厘米以上，地茎粗 0.5 厘米以上，根系粗度 0.3 厘米，根系完整，无病虫伤。

（2）科学栽植，剪枝保湿：

剪去枣苗上的所有二次枝，截留长度以 30 厘米左右为宜；栽前施足底肥；栽植时间选在春季枣树发芽前或发芽期，尽量避免秋季栽植；栽植的深度以与苗木原土印平或超过原土印 3 厘米为好，栽后及时浇透水，并以定植穴为大小覆膜保墒。

(3) 加强苗期管理，增强抗冻能力：适时追肥提苗，合理灌排水，及时中耕除草，加强病虫害防治；于 7 月底至 8 月初，对新生枣头进行摘心；土壤封冻前及时浇封冻水。

(4) 涂白保护树体：于枣树落叶后（11 月上旬）树干涂白，可防冻，并可杀灭枝干上越冬的病虫。

(5) 树干绑草或培土保护：上大冻前，树干绑草或基树干基部培土防冻；春暖后及时解除绑草和清除基部培土，以防根系霉烂。

三十一、枣树缺镁症

1. 病因 土壤中镁元素不足或氮元素使用过多，抑制根系对镁元素的吸收，导致树体中镁元素缺少，致使叶绿素含量减少，叶片褪绿，光合作用受到影响，枣树不能正常生长。

2. 症状鉴别 缺镁时，首先新梢中下部叶片失绿变黄、渐变黄白，后逐渐扩大至全叶，进而形成坏死焦枯斑，但叶脉仍然保持绿色。缺镁严重时，大量叶片黄化、脱落，仅留下部、淡绿色、莲座状的叶丛。果实不能正常成熟。(图 1-38)

3. 防治要点

(1) 冬施基肥和生长季节追肥时增施硫酸镁，每 667 平方米施用 5 ~ 10 千克。

(2) 撒施保得土壤生物菌接种剂，改善土壤结构，提高土壤透气性能，释放被固定的肥料元素，增加土壤中速效养分的含量。

(3) 叶面喷施 0.3% 硫酸镁水溶液，15 天喷洒 1 次，连续喷洒 3 ~ 4 次。

4. 注意事项 在中性和碱性土壤中，以施用硫酸镁为宜；在偏酸性土壤中，则宜施用碳酸镁。使用镁肥时，注意不可与磷肥混用。

三十二、枣树缺锌症

1. 病因 土壤呈碱性反应时，有效锌含量低，且容易流失；土壤施用氮肥量过多，抑制根系对锌元

图 1-38 枣树缺镁症

素的吸收；土壤施用磷肥过量，磷酸根离子易与锌离子结合，生成难溶性的磷酸锌。以上因素都会诱发枣树锌缺症。

2. 症状鉴别　又叫枣树小叶病。枣树缺锌时，新梢节间缩短，植株矮小；顶端叶片狭小，叶肉褪绿而叶脉浓绿，花芽减少；不易坐果，坐果者，果实小且发育不良。（图 1-39）

图 1-39　枣树缺锌症

3. 防治要点

（1）增施锌肥：结合施基肥，每株结果枣树施用硫酸锌 0.02 ～ 0.05 千克。

（2）穴施保得土壤生物菌接种剂，改善土壤结构，提高土壤透气性能，释放被固定的肥料元素，增加土壤中速效养分的含量。

（3）枣树初花时，叶面喷洒 0.2% 硫酸锌水溶液，15 天喷洒 1 次，连续喷 3 ～ 4 次。不但预防小叶病效果好，而且可显著增强枣树耐低温、抗干旱、抗病性能，提高坐果率，增加产量，改善果实品质。

（4）盛花后 3 周，用 0.2% 硫酸锌 +20 毫升 / 升赤霉素液喷洒叶面，10 ～ 15 天喷洒 1 次，连喷 2 ～ 3 次，防病效果显著。

（5）部分枝条发病时，于 5 月上旬，用 4% ～ 5% 硫酸锌液涂抹枝条。

4. 注意事项　硫酸锌不可与磷肥混合施用。

三十三、枣树缺硼症

1. 病因　因土壤缺硼而导致的树体缺硼。

2. 症状鉴别　枣树缺硼时表现为枝梢顶端停止生长，从早春开始显现症状，到夏末新梢叶片呈棕色，幼叶畸形，叶片扭曲，叶柄呈紫色，顶梢叶脉出现黄化，叶尖和边缘出现坏死斑，继而生长点死亡，并由顶端向下枯死，形成枯梢。地下根系不发达，生长慢，明显弱于健树。花器发育不健全，落花、落果严重，表现“花而不实”。大量缩果，果实畸形，以幼果最重，严重时尾尖处出现裂果，顶端果肉木栓化，呈褐色斑块状，种子变褐色，果实失去商品价值。（图 1-40）

3. 防治要点

（1）增施硼肥：成龄树结合施基肥，每株施硼砂或硼酸 0.01 ～ 0.02 千克。

图 1-40 枣树缺硼症

（2）撒保得土壤生物菌接种剂，改善土壤结构，提高土壤透气性能，释放被固定的肥料元素，增加土壤中速效养分的含量。

（3）枣树始花期、盛花期、谢花后各喷施 1 次 0.5% 红糖 +0.2% 硼砂液，效果更好。

4. 注意事项 施用硼砂时，一定要用开水溶化后对制，均匀喷洒，避免局部硼浓度过大而引起中毒；硼在枣树体内运转力差，以多次喷雾效果好。

三十四、枣树缺铁症

1. 病因 当土质过碱、含有多量碳酸钙以及土壤湿度过大时，可溶性铁变为不溶性状态，植株无法吸收，导致树体缺铁。

2. 症状鉴别 又叫黄叶病，常发生在盐碱地或石灰质过高的地方，以及园地较长时间渍害，以苗木和幼树受害最重。新梢上的叶片变黄色或黄白色，而叶脉仍为绿色，严重时顶端叶片焦枯。（图 1-41）

3. 防治要点

（1）增施有机肥，使土壤中铁元素变为可溶性，有利于植株吸收。

（2）将浓度为 3%的硫酸亚铁与饼肥或牛粪混合施用，方法是：将 0.5 千克硫酸亚铁溶于水中，与 5 千克饼肥或 50 千克牛粪混合后施入根部，有效期约半年。

（3）发病初期，叶面喷洒 0.4% 硫酸亚铁溶液，7 ~ 10 天喷洒 1 次，连喷 2 ~ 3 次。

图 1-41 枣树缺铁症（左病右健）

第二章

枣害虫鉴别与无公害防治

一、枣黏虫

枣黏虫属鳞翅目，卷蛾科。学名：*Ancylis sativa* Liu，又名枣实虫、枣菜蛾、枣镰翅小卷蛾，全国各枣产区均有分布，危害枣、酸枣的芽、叶、枣头和花。

1. 危害特点 幼虫吐丝黏缀芽、叶、枣头、花，在其中危害并蛀食果实，造成叶片残损、枣花枯死、枣果脱落，对产量影响很大。(图 2-1 ~图 2-3)

图 2-1 枣黏虫幼虫害叶状

图 2-2 枣黏虫幼虫害嫩梢状

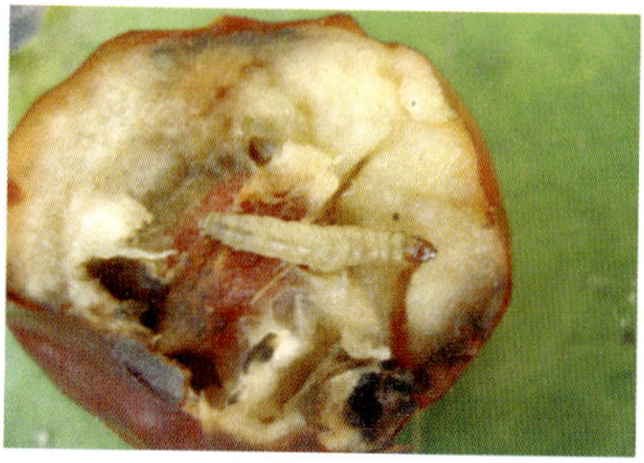

图 2-3 枣黏虫幼虫蛀果

2. 形态鉴别 成虫：体长 6 ~ 7 毫米，黄褐色或灰褐色；触角丝状；前翅前缘具 10 多条黑白相间的钩纹，翅面中央具 2 条黑褐色纵纹从翅基向外缘伸展，前翅顶角突出且向下弯曲。卵：扁长圆形，长 0.6 毫米，白色至橘红色。幼虫：体长 13 ~ 15 毫米；头部淡褐色，具黑褐色花纹；前胸盾和臀板褐色；胴部黄绿色或淡绿色。蛹：长 7 毫米左右，深褐色。茧：白色。(图 2-4 ~图 2-6)

图 2-4　枣黏虫成虫

图 2-5　枣黏虫幼虫

图 2-6　枣黏虫蛹

3. 发生特点　年发生 3 ～ 4 代，以蛹在枝干、皮缝中越冬，干周土中有少量越冬蛹。3 代区翌年 3 月中旬至 5 月上旬羽化，世代重叠。成虫昼伏夜出，有趋光性。卵散产于光滑枝上。4 月下旬开始孵化，咬食嫩芽，展叶后吐丝缠叶于内食害，5 月上旬第一代幼虫进入盛期，5 月下旬化蛹，6 月上旬始见成虫及第二代卵；二、三代卵主要产在叶面主脉两侧，6 月中旬枣树开花时正值二代幼虫始发期，幼虫危害叶、花蕾、花和幼果，第二代成虫 7 月中旬至 8 月下旬发生；7 月下旬至 10 月上中旬为第三代幼虫发生期，危害叶和果实，9 月上旬陆续老熟，于树皮缝隙中结茧化蛹越冬。非越冬代均于卷叶内结茧化蛹。天敌有赤眼蜂和几种姬蜂。

4. 防治要点

(1) 保护和利用天敌：①在第二代成虫产卵期，于卵初期、初盛期和盛期各放 1 次松毛虫赤眼蜂，每株枣树释放 3000 ～ 5000 头，枣黏虫卵被寄生率达 85.5%；②因地制宜，合理间作，在枣树行间种植小麦、红薯、大豆、土豆、绿豆等，为多种天敌提供隐蔽场所。

(2) 秋末于枝干上束草，诱幼虫化蛹；休眠期刮除老树皮，连同束草集中烧毁。

(3) 药剂防治：各代幼虫孵化盛期，特别是第一代幼虫孵化期，喷洒 10%天王星乳油 3000 ~ 4000 倍液或 50%辛硫磷乳油 1200 倍液、50%杀螟松乳油 1000 倍液、

90%晶体敌百虫 800 ～ 1000 倍液、20%速灭杀丁乳油 2000～2500 倍液等。第 1 次施药掌握在枣发芽初期，第2次在芽长3～5厘米时为宜。

二、桃蛀螟

桃蛀螟属鳞翅目，螟蛾科。学名：*Dichocrocis punctiferalis* Guenee，又名桃蛀野螟、桃斑螟、桃实螟、桃果蠹、桃蠹螟、桃蠹心虫、桃蛀心虫、桃实虫、桃野螟蛾、桃斑纹野螟蛾、果斑螟蛾、豹纹蛾、豹纹斑螟，分布于全国各产区，危害桃、枣、杏、石榴、山楂、板栗、柿等果实。

1. 危害特点　幼虫从果与果、果与叶、果与枝的接触处钻入果实危害。果实内充满虫粪，致果实腐烂，并造成落果或干果挂在树上。(图 2-7)

2. 形态鉴别　成虫：体长 10～12 毫米，翅展 24 ～ 26 毫米，全体金黄色；胸、腹部及翅上都具有黑色斑点；触角丝状；雌蛾腹部末节呈圆锥形，雄蛾腹部末端有黑色毛丛。卵：椭圆形，长 0.6 ～ 0.7 毫米，乳白色至红褐色。幼虫：体长 22 ～ 25 毫米；头部暗黑色，胸部暗红色、淡灰色或浅灰蓝色，腹面淡绿色，前胸背板深褐色；中、后胸及第一至八腹节各有排成 2 列的大小毛片 8 个，前列 6 个后列 2 个。蛹：褐色或淡褐色，长约 13 毫米。(图 2-8，图 2-9)

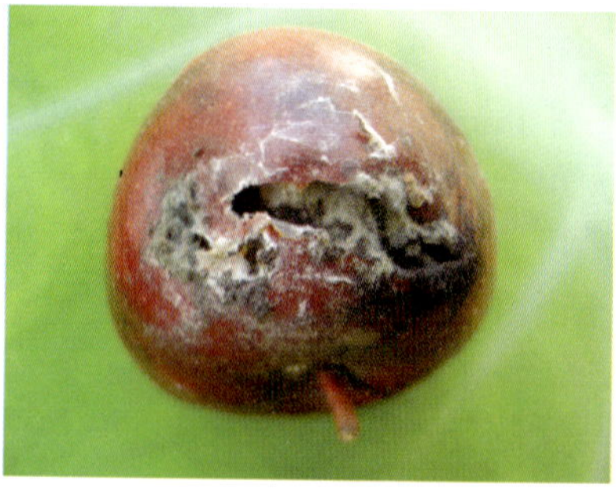

图 2-7　桃蛀螟幼虫蛀果

图 2-8　桃蛀螟成虫

图 2-9　桃蛀螟幼虫

3．发生特点 黄淮地区年发生4代，以老熟幼虫或蛹在僵果中、树皮裂缝、堆果场及残枝败叶中越冬。4月上旬越冬幼虫化蛹，下旬羽化产卵；5月中旬发生第一代；7月上旬发生第二代；8月上旬发生第三代；9月上旬为第四代，尔后以老熟幼虫或蛹越冬。成虫昼伏夜出，对黑光灯趋性强，对糖醋液也有趋性。卵散产于两果相并处和枝叶遮盖的果面或梗洼上，卵期7天左右。幼虫世代重叠严重，尤以第一、二代重叠常见，以第二代危害重。

4．防治要点

（1）农业防治：冬、春季节彻底清理树上、树下干僵果及园内枯枝、落叶，并刮除翘裂的树皮，清除果园周围的玉米、高粱、向日葵、蓖麻等遗株深埋或烧毁，消灭越冬幼虫及蛹。

（2）诱杀成虫：成虫发生期在果园内点黑光灯或放置糖醋液诱杀成虫。

（3）种植诱集作物诱杀：根据桃蛀螟对玉米、高粱、向日葵趋性强的特性，在果园内或四周种植诱集作物，集中诱杀。一般每667平方米种植玉米、高粱或向日葵20～30株。

（4）药剂防治：掌握在桃蛀螟第一、二代成虫产卵高峰期的6月20日至7月30日间喷药，施药3～5次，叶面喷洒90%晶体敌百虫800～1000倍液或20%杀灭菊酯乳油1500～2000倍液、2.5%溴氰菊酯乳油2000～3000倍液、50%辛硫磷乳油1000倍液等。

三、桃小食心虫

桃小食心虫属鳞翅目，蛀果蛾科。学名：*Carposina niponensis* Walsingham，又名桃蛀果蛾、桃小实虫、桃蛀虫、桃小食蛾、桃姬食心虫，简称“桃小”，俗称“豆沙馅”、“枣蛆”，全国各产区均有分布，危害枣、桃、石榴、苹果、梨、山楂、李等果实。

1．危害特点 幼虫从果实胴部蛀入，蛀孔流出泪珠状果胶，不久干涸，蛀孔愈合成小黑点略凹陷。幼虫入果后在果内乱窜，排粪于其中，俗称“豆沙馅”，遇雨极易造成烂果。（图2-10）

图2-10 桃小食心虫幼虫蛀果孔

2．形态鉴别 成虫：体灰褐色或灰白色；雌虫体长7～8毫米，翅展16～18毫米；雄虫体长5～6毫米，翅展13～15毫米；前翅近前缘中部处有1个近三角形的黑色大斑，后翅灰色；触角丝状。卵：深红色，竖椭圆形或桶形，以底部黏附在果实上，端部环生2～3圈“Y”形生长物。幼虫：体长13～16毫米，幼龄体色黄白或白色，成龄桃红色。蛹：体长6.5～8.6毫米，淡黄白色至黄褐色。茧：越冬茧扁圆，长约6毫米；夏茧纺锤形，长约13毫米，均由幼虫吐丝缀合细土粒而成。（图2-11，图2-12）

3．发生特点 年发生1～2代，以老熟幼虫在土内作冬茧越冬。翌年5月上、中旬越冬幼虫开始出土，6～7月越冬成虫羽化。成虫昼伏夜出，无趋光性和趋化性。成虫产卵于果实上，卵期8天左右。初孵幼虫蛀入果内危害，第一代幼虫危害期为6月下旬至8月。幼虫老熟后，咬一圆孔，爬出孔口直接落地，结茧化蛹继续发生第二代或入土结茧越冬。脱果幼虫多集中于树干基部背阴面距树干0.3～1米范围内、深度3厘米左右的土层内结冬茧越冬。

4．防治要点

（1）诱捕器诱杀：应用桃小食心虫性信息素橡胶芯载体制成水碗式诱捕器，悬挂在枣园内，诱杀雄蛾。

（2）农业防治：于5月前在树干周围1米范围内培以30厘米厚的土并踩实，或覆盖农膜，将越冬幼虫和羽化成虫闷死于土内。雨季及时扒去培土，以防烂根。

（3）地面药剂防治：于幼虫出土期，在距树干1米范围内施药治虫。每667平方米用50%辛硫磷颗粒剂5～7.5千克或50%辛

图2-11 桃小食心虫成虫

图2-12 桃小食心虫幼虫

硫磷乳油 0.5 千克与 50 千克细沙土混合均匀撒入树冠下，或用 50% 辛硫磷乳油 800 倍液对树冠下土壤喷雾。施药后，需将地面用齿耙搂耙几次，深 5 ~ 10 厘米，使药土混合，提高防治效果。

(4) 树上药剂防治：在卵临近孵化时，喷洒 2.5% 溴氰菊酯乳油 3000 倍液或 20% 杀灭菊酯乳油 3000 倍液、10% 氯氰菊酯乳油 2000 倍液、20% 中西除虫菊酯乳油 2000 倍液、40% 辛硫磷乳油 1000 倍液等。

四、枯叶夜蛾

枯叶夜蛾属鳞翅目，夜蛾科。学名：*Adris tyrannus* Guenee，又名通草木夜蛾，分布于全国各产区，危害桃、杏、苹果、柑橘、柿、通草等的果实和叶。

1. 危害特点 成虫刺吸果汁；幼虫吐丝缀叶潜伏危害。

2. 形态鉴别 成虫：体长 35 ~ 38 毫米，翅展 96 ~ 106 毫米；头胸部棕褐色，腹部杏黄色；触角丝状；前翅色似枯叶，从顶角至后缘内凹处有一黑褐色斜线，翅脉上有许多黑褐色小点，翅基部及中央有暗绿色圆纹；后翅杏黄色，中部有一肾形黑斑，亚端区有一牛角形黑纹。卵：扁球形，直径 1 毫米左右，乳白色。幼虫：体长 57 ~ 71 毫米；头部红褐色，体黄褐色或灰褐色；第一、二腹节常弯曲，第八腹节隆起，将七至十腹节连成山峰状，第二、三腹节亚背面各有一眼形斑，中黑并具月牙形白纹，各体节布有许多不规则白纹。蛹：长 31 ~ 32 毫米，红褐色至黑褐色。(图 2-13，图 2-14)

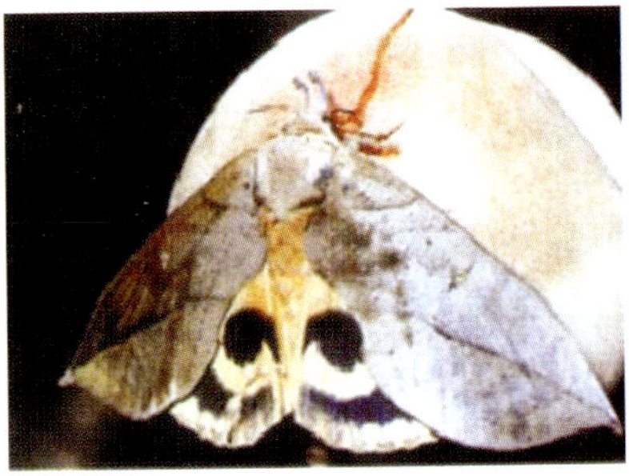

图 2-13 枯叶夜蛾成虫

图 2-14 枯叶夜蛾幼虫

3. 发生特点 年发生 2 ~ 3 代，多以成虫越冬，温暖地区有以卵和中龄幼虫越冬者，发生期重叠。成虫多在 7 ~ 8 月危害，昼伏夜出，有趋光性，喜食香甜味浓的果实，

7月前危害桃、杏等早、中熟果实，后转危害苹果、梨、葡萄等。成虫寿命较长，产卵于叶背。幼虫吐丝缀叶潜伏危害，老熟后缀叶结薄茧化蛹。

4. 防治要点

（1）农业防治：果实套袋防虫；在果园四周挂有香味的烂果诱集，22时后捕杀成虫。

（2）成虫发生期设置高压汞灯诱杀成虫。

（3）药剂防治：用果醋或酒糟液加红糖适量配成糖醋液，加0.1%晶体敌百虫几滴，诱杀成虫；或用早熟的去皮果实扎孔浸泡在敌百虫50倍液中，1天后取出晾干，再放入蜂蜜水中浸泡半天，晚上挂在果园里诱杀取食成虫。

五、棉铃虫

棉铃虫属鳞翅目，夜蛾科。学名：*Heliothis armigera* Hubner，又名棉桃虫、钻心虫、青虫、棉铃实夜蛾等，分布于全国各产区，危害枣、梨、桃、柑橘等多种果、林、农作物的蕾、花、果和嫩梢、叶片，为杂食性害虫。

1. 危害特点　初孵幼虫先危害嫩叶尖并蛀食蕾花，稍大后蛀食果实形成孔洞，致枣果脱落；幼虫也取食嫩梢和叶片，造成缺刻和孔洞。

2. 形态鉴别　成虫：体长14～18毫米，翅展30～38毫米；头、胸腹部淡灰褐色，前翅灰褐色，肾形纹及环状纹褐色，肾形纹外缘有褐色宽横带，外缘各脉间有小黑点；后翅淡褐色至黄白色，外缘有一褐色宽带，宽带中部有2个淡色斑。卵：半球形，长0.44～0.48毫米，乳白色至深紫色。幼虫：老熟幼虫体长30～42毫米，体色因食物及环境不同而变化，有淡绿色、淡红色至红褐色或黑紫色等，以绿色和红褐色较为常见（绿色型，体绿色，背线和亚背线深绿色，气门线浅黄色；褐色型，体红褐色或淡红色，背线和亚背线淡褐色，气门线白色）；腹部各节背面有许多小毛瘤，上生褐色或灰色小刺毛。蛹：长17～21毫米，黄褐色。（图2-15～图2-17）

3. 发生特点　北京、内蒙古、新疆等地年发生3代，华北地区4代，长江流域及其以南地区5～7

图2-15　棉铃虫成虫

图 2-16 棉铃虫幼虫（褐色型）

图 2-17 棉铃虫幼虫（绿色型）

代，以蛹在土中越冬。华北地区翌年 4 月中、下旬至 5 月中旬羽化。5 月上、中旬第一代幼虫发生，主要危害麦类等早春作物。7 月至 9 月上中旬第二、三、四代幼虫发生，世代重叠，均对枣树造成危害。成虫昼伏夜出，对黑光灯、萎蔫的杨树枝把有强烈趋性。卵散产于嫩叶或果实上。每雌产卵持续 7 ~ 13 天，单雌产卵 100 ~ 1000 余粒，卵期 3 ~ 4 天。低龄幼虫取食嫩叶，2 龄后蛀果，蛀孔较大，外面常留有虫粪。幼虫期 15 ~ 22 天，老熟后入土，于 3 ~ 9 厘米土层内化蛹。天敌有姬蜂、跳小蜂、胡蜂及多种鸟类。

4. 防治要点

（1）农业防治：冬、春季及生长季节勤耕翻园地，消灭地下蛹。果园附近避免种植棉花、玉米等棉铃虫易产卵的作物，以减少着卵量。于早晨或阴天发现有新鲜虫粪时，人工捕捉或放养鸡、鸭啄食之。

（2）诱杀成虫：利用黑光灯、杨柳树枝或性诱剂诱杀成虫。利用杨柳树枝诱杀成虫的方法简便易行，方法是：于傍晚将杨柳枝把按 667 平方米 20 束的密度插于枣园内，早晨检查并杀灭于枝上栖息的成虫，每隔 5 天换一次杨柳枝把，将旧枝烧掉，以消灭产在上面的卵。

（3）生物防治：用 Bt（苏云金杆菌）乳油、HD-1 苏云金杆菌制剂或棉铃虫核多角体病毒稀释液喷雾，有较好效果。

（4）保护、利用天敌防治。

（5）药剂防治：关键时期是从卵孵化盛期至 2 龄幼虫蛀果前。可喷洒 90% 晶体敌百虫或 50% 辛硫磷乳油、50% 杀螟硫磷乳油 1000 倍液；5% 除虫脲乳油 1500 ~ 2000 倍液、5.7% 氟氯氰菊酯乳油 3000 倍液、2.5% 氯氟氰菊酯乳油 4000 倍液、2.5% 联苯菊酯乳油 3000 倍液等。注意轮换用药，以免棉铃虫产生抗性而降低药效。

六、隐头枣叶甲

隐头枣叶甲属鞘翅目，叶甲科。学名：*Cryptocephalus* sp.，分布于河南枣产区，危害枣花。

1. 危害特点 成虫取食枣花的花蕊，致花不能完成授粉受精而脱落。该虫是近年在河南枣区发现的一种专食枣花的新害虫，危害相当严重，对产量影响较大。

2. 形态鉴别 成虫：体长约4～5毫米，长椭圆形；鞘翅及腹面均为黑色，腿为褐色；雄虫体较小。幼虫及卵缺乏系统研究。（图2-18）

图 2-18 隐头枣叶甲成虫

3. 发生特点 河南中部地区，5月中、下旬随着枣花的开放，隐头枣叶甲陆续出现并食害枣花的雌蕊和雄蕊；盛花期为成虫出现高峰，大量取食花蕊及蜜盘，并在树膛内飞舞；谢花后，成虫随即消失。成虫具有假死性，碰触后立即掉下树，落在地上。由于该虫的危害，枣树坐果率直线下降，受害严重的枣树几乎绝收。

4. 防治要点

（1）人工防治：①利用其假死性，在成虫危害期于树下铺塑料布，摇动树枝震落成虫，迅即将甲虫收集起来消灭；②枣花开放前成虫还未出土，在树冠下覆盖与树冠投影大小相同的塑料薄膜，四周用土压紧，防止成虫出土上树食害枣花，并可将成虫闷死于土中。

（2）药剂防治

1）树冠下土壤处理：枣花开放前成虫还未出土，于树冠下土表均匀喷布50%辛硫磷乳油300～500倍液或2.5%敌杀死乳油2500～3000倍液、40%乐斯本乳油1000～1500倍液等，或在树冠下撒5%辛硫磷颗粒剂（每株成树撒100～150克），施药后浅锄土表使药土混匀，以杀死出土的成虫。枣树谢花前，在地面再喷1次上述任一种药剂，以消灭入土的成虫，降低越冬基数。

2）树冠喷药防治：成虫危害期，树冠上喷洒90%晶体敌百虫或50%辛硫磷乳油1000～1500倍液、5.7%百树菊酯乳油3000倍液、10%多来宝乳油2000倍液；21%灭杀毙乳油或30%桃小灵乳油1500～2000倍液等。

七、阔胫赤绒金龟

阔胫赤绒金龟属鞘翅目，鳃金龟科。学名：*Maladera verticalis* Fairm.，又名阔胫鳃金龟，分布于东北、华北、黄淮等产区，危害枣、樱桃、李、苹果、梨等果树的芽和叶。

1. 危害特点 主要是成虫食害果树的蕾花、嫩芽和叶。

2. 形态鉴别 成虫：体长约8毫米，全体赤褐色，有光泽，密生绒毛；鞘翅布满纵列隆起纹。（图2-19，图2-20）

3. 发生特点 年发生1代，以成虫在土中越冬。6月在果树根系周围土中产卵。成虫有假死性和趋光性，昼伏夜出，晚上取食危害。天敌有红尾伯劳、灰山椒鸟、黄鹂等益鸟和朝鲜小庭虎甲、深山虎甲、粗尾拟地甲及寄生蜂、寄生蝇、寄生菌等。

4. 防治要点 此虫虫源来自多方面，特别是荒地，虫量最多，故应以消灭成虫为主。

（1）早、晚张网，震落成虫，捕杀之。

（2）保护、利用天敌。

（3）地面施药：控制潜土成虫。于早晨成虫入土后或傍晚成虫出土前，每667平方米地面撒施5%辛硫磷颗粒剂3千克，或每667平方米用50%辛硫磷乳油0.3～0.4千克加细土30～40千克拌成的毒土撒施；或将50%辛硫磷乳油500～600倍液均匀喷于地面。使用辛硫磷后及时浅耙，提高防效。

（4）树上施药：成虫发生期，喷洒52.25%农地乐乳油或50%杀螟硫磷乳油、45%马拉硫磷乳油、48%毒死蜱乳油1500倍液；2.5%溴氰菊酯乳油2000～3000倍液、10%醚菊酯乳油800～1000倍液等。

图2-19 阔胫赤绒金龟初羽成虫

图2-20 阔胫赤绒金龟成虫

八、白星花金龟

白星花金龟属鞘翅目，花金龟科。学名：*Liocola brevitarsis* Lewis，又名白纹铜花金龟、白星花潜、白星金龟子、铜克螂，分布于全国各产区，危害枣、桃、杏、苹果、李、柿、柑橘等果树的果实和根系。

1. 危害特点　成虫主要危害花和果实，食花致花腐烂，果实近成熟时昼夜啃食果实致果肉腐烂；幼虫俗称“蛴螬”，危害果树根系。

2. 形态鉴别　成虫：体长17~24毫米，宽9 ~ 12毫米，椭圆形，具古铜或青铜色光泽，体表散布众多不规则白绒斑；触角深褐色；前胸背板后角与鞘翅前缘角之间有1个三角片甚显著；鞘翅宽大，近长方形，白绒斑多为横向波浪形；臀板短宽，每侧有3个白绒斑呈三角形排列。(图2-21)

图2-21　白星花金龟成虫

3. 发生特点　年发生1代，以幼虫于土中越冬。成虫于5月上旬出现，6 ~ 7月为发生盛期，白天活动，有假死性，对酒醋味有趋性，飞行力强，常群聚危害花、果，产卵于土中。幼虫多以腐败物为食，并危害根系。天敌有多种鸟类、深山虎甲、粗尾拟地甲、寄生蜂、寄生蝇、寄生菌等。

4. 防治要点　此虫虫源来自多方，应以消灭成虫为主。

(1) 农业和生物防治：早、晚张网，震落成虫；保护、利用天敌；果园施用腐熟有机肥，减少幼虫的发生。

(2) 挂细口瓶捕杀：在距地面1 ~ 1.5米高的树枝上挂细口瓶，瓶里放入2 ~ 3个白星花金龟，引诱田间白星花金龟飞到瓶口附近爬行并掉入瓶中，每667平方米挂瓶40 ~ 50个，捕杀效果优异。

(3) 药剂防治：成虫发生期，树上喷洒52.25%农地乐乳油或50%杀螟硫磷乳油、45%马拉硫磷乳油1500倍液；48%毒死蜱乳油或20%甲氰菊酯乳油2000倍液等。

九、枣尺蠖

枣尺蠖属鳞翅目，尺蛾科。学名：*Sucra jujuba* Chu，又名枣步曲，长江以北枣区均有分布，危害枣、苹果、梨、桃等果树的幼芽、叶及花蕾。

1. 危害特点 幼虫食害芽、叶成孔洞和缺刻，严重时将叶片吃光。

2. 形态鉴别 成虫（雌雄异型）：雌体长 12 ~ 17 毫米，被灰褐色鳞毛，无翅，头细小，触角丝状，足灰黑色，腹部锥形，尾端有黑色鳞毛 1 丛；雄体长 10 ~ 15 毫米，翅展 30 ~ 33 毫米，灰褐色，触角橙褐色羽状，前翅内、外线黑褐色波状，前后翅中室均有黑灰色斑点 1 个。卵：椭圆形，长 0.95 毫米，初淡绿色，渐至褐色。幼虫：1 龄幼虫黑色，有 5 条白色纵条纹；2 龄幼虫绿色，有 7 条白色纵条纹；3 龄幼虫灰绿色，有 13 条白色纵条纹；4 龄幼虫纵条纹变为黄色与灰白色相间；5 龄幼虫（老熟幼虫）体长约 45 毫米，灰褐色或青灰色，有多条黑色纵线及灰黑色花纹，胸足 3 对，腹足 1 对，臀足 1 对。蛹：长 10 ~ 15 毫米，纺锤形，黄色至红褐色。（图 2-22 ~图 2-25）

图 2-22　枣尺蠖雌成虫

图 2-23　枣尺蠖雄成虫

图 2-24　枣尺蠖幼虫（褐色型）

图 2-25　枣尺蠖幼虫（黑色型）

3. 发生特点 年发生 1 代，以蛹在土中 5 ~ 10 厘米深处越冬。翌年 3 月下旬羽化为成虫。早春多雨利其发生，土壤干燥时出土延迟且分散，有的拖后 40 ~ 50 天。雌蛾出土后栖息在树干基部、土块上或杂草中，夜间爬到树上等雄蛾飞来交尾。雄蛾具趋光性。卵多产在树皮缝内或树杈处，卵期 10 ~ 25

天，一般枣发芽时开始孵化。幼虫历期30天左右，具吐丝下垂习性，5月底到7月上旬幼虫陆续老熟入土化蛹，越夏和越冬。天敌有枣尺蠖寄蝇、家蚕追寄蝇、枣尺蠖肿跗姬蜂等。

4. 防治要点

（1）农业防治：冬、春季耕翻树盘，利用低温或鸟食灭蛹；幼虫发生期，震落捕杀幼虫，或在树干基部束绑宽约10厘米的塑料薄膜，膜下部用土压实，于薄膜上涂黄油或废机油，阻止幼虫上树。

（2）生物防治：用苏云金杆菌加水配对成每毫升含0.1亿～0.25亿个孢子的菌液，并加入1/10万的敌百虫，于幼虫期喷洒；也可田间采集被病毒感染的病死虫，研磨后，用纱布过滤，加水喷雾，每667平方米枣林用病毒死虫7～10条，在幼虫期喷洒均有良好防效。

（3）药剂防治

1）地面施药：在树干周围喷洒90%晶体敌百虫800～1000倍液或撒布40%辛硫磷颗粒剂，施药后地面用齿耙来回搂耙几次，使药土混匀，阻止成虫上树并毒杀成虫及初孵幼虫。

2）叶面喷药：在幼虫孵化前后喷洒20%灭扫利乳油或2.5%敌杀死乳油2500倍液，2.5%功夫乳油或50%来福灵乳油3000倍液，20%速灭杀丁乳油2000倍液、50%杀螟松乳油1000倍液。

十、枣瘿蚊

枣瘿蚊属双翅目，瘿蚊科。学名：*Contarinia* sp.，分布于全国各枣区，危害枣的嫩芽和叶。

1. 危害特点　幼虫吸食枣叶汁液致叶肉增厚，叶两边纵卷成筒状，叶呈棕红色至紫红色，变硬发脆，最后变成黑褐色，枯萎。（图2-26，图2-27）

图2-26　枣瘿蚊害嫩梢

图2-27　枣瘿蚊害叶枯

2. 形态鉴别 成虫：体长1.4～2.0毫米；头胸部黑绿色至黑褐色，腹部背面黑褐色，胸背、腹部背面具3块黑褐色斑，相间红褐色横带；触角细长，念珠状；前翅椭圆形，后翅退化成平衡棍；后胸凸起明显；腹部8节，细长；足细长。卵：长椭圆形，长0.3毫米。幼虫：体长1.5～2.9毫米，蛆形，乳白色至黄褐色，外被椭圆形灰白色薄茧。（图2-28，图2-29）

3. 发生特点 黄淮枣区年发生5～6代，以幼虫在树下土壤浅层3～5厘米处结茧越冬。翌年枣树发芽后，在土中茧内化蛹，5月中旬羽化，成虫期1～3天。成虫产卵于未展开的嫩叶缝隙处，卵期3～6天。卵孵化后，每叶内有2～10余只幼虫吸食汁液，6月上旬幼虫卷叶危害，幼虫期8～13天。幼虫老熟后脱叶入土化蛹，蛹期6～12天。幼树或树冠低矮的枣树受害重。

图2-28 枣瘿蚊成虫

图2-29 枣瘿蚊幼虫

4. 防治要点

（1）农业防治：冬、春季翻树盘，利用低温、鸟食消灭越冬幼虫；春季成虫羽化前，在树干1米直径地面覆盖农膜，阻止成虫出土。

（2）药剂防治：成虫羽化出土前或幼虫脱叶入土前，在树干周围地面上撒10%辛硫磷颗粒剂，施后把土耙松拌匀。幼虫期叶面喷洒25%西维因可湿性粉剂500倍液或50%丙硫磷乳油1500倍液，48%乐斯本乳油或90%晶体敌百虫1000倍液。

十一、枣绮夜蛾

枣绮夜蛾属鳞翅目，夜蛾科。学名：*Porphyrinia parva* Hübner，又名枣花心虫，全国多数枣区有分布，危害枣的花、蕾、幼果。

1. 危害特点 幼虫食害枣花、蕾、幼果。枣花盛开时，幼虫吐丝缀连枣花，并钻在花丛中食害花蕊，被害花只剩下花瓣和花盘，不久枯萎脱落，重者能把结果枝上的花全部吃光。枣果生长期，幼虫吐丝缠绕果梗，然后蛀食枣果，使其黄萎，但不脱落。大发生年份具有毁灭性危害。（图 2-30 ～图 2-32）

2. 形态鉴别　成虫：体长约 5 毫米，翅展 15 毫米左右；体腹面、胸背、翅基均为灰白色；前翅棕褐色，有白色横波纹 3 条；中横纹弧形，淡灰色；亚缘线与中横纹平行，其间为淡棕褐色带；亚缘线与外缘线间为淡黑褐色，其间靠前缘有一晕斑。卵：馒头形，有放射状花纹，初白色，渐至淡红色。幼虫：体长 10 ～ 14 毫米，淡黄绿色，与枣花颜色相似；胸、腹的背面有成对的似菱形的紫红色线纹；各节稀生长毛；腹足 3 对。蛹：长 6 ～ 7 毫米，黄褐色。（图 2-33）

3. 发生特点　在兰州地区年发生 1 代，在河北、山东、浙江等地年发生 2 代。以蛹在树皮裂缝、树洞等处越冬。翌年 5 月成虫羽化，成虫有趋光性。卵多散产于花梗杈间或叶柄基部。5 月下旬第一代幼

图 2-30　枣绮夜蛾幼虫危害花蕾

图 2-31　枣绮夜蛾幼虫蛀果孔

图 2-32　枣绮夜蛾幼虫危害幼果枯

图 2-33　枣绮夜蛾幼虫

虫孵化后，即迁回到花丛间食害枣花，并吐丝缀连花簇，在其中危害，其后继续取食危害幼果；幼虫行动迟缓，受惊后会吐丝下垂。第一代幼虫于6月上旬至7月中旬老熟化蛹，一部分不再羽化而越冬，另一部分于6月下旬至7月下旬羽化。7月上旬第二代幼虫出现，此代幼虫多取食枣果，危害至8月中旬，老熟并结茧化蛹越冬。后期无花、果可食时，则吐丝将枝端嫩叶粘合一起，藏于其中危害。

4．防治要点

（1）农业防治：冬、春季刮刷枣树粗裂翘皮，消灭越冬蛹；幼虫老熟前，在枝条基部绑草把，引诱老熟幼虫入草化蛹后取下烧毁。

（2）药剂防治：5月下旬、7月上旬喷药杀灭幼虫，可用50%马拉硫磷乳油或50%杀螟松乳油1000倍液，25%灭幼脲3号悬浮剂2000倍液、2.5%功夫乳油3000倍液等。

十二、枣豆虫

枣豆虫属鳞翅目，天蛾科。学名：*Marumba gaschkewitschi* Bremer et Grey，又名枣桃六点天蛾，全国多数枣产区有分布，危害枣、桃、杏、樱桃、李等果树的叶。

1．危害特点 幼龄幼虫将叶片吃成孔洞或缺刻；随虫龄增大，常将叶片吃掉大半，甚至吃光。

2．形态鉴别 成虫：体长36～46毫米，翅展82～120毫米；体、翅黄褐色至灰褐色；前胸背板棕黄色，腹部各节间有棕色横环；前翅有4条深褐色波状横带，后缘近后角处有1个黑斑，其前方有1个小黑点；后翅枯黄色至粉红色，近臀角处有2个黑斑；前翅腹面粉红色，后翅腹面灰褐色。卵：椭圆形，长约1.6毫米，绿色，有光泽。幼虫：体长80～84毫米，绿色或黄褐色；头部三角形，青绿色，每节两侧各有1条黄白色斜条纹，第八腹节背面后缘有1个很长的斜向后方的尾角。蛹：长约45毫米，黑褐色。（图2-34～图2-36）

3．发生特点 东北和华北部分地区年发生1代，黄淮地区年发生2代，以蛹在土中越冬。1代区，成虫于6月羽化，7月上旬出现幼虫，危害至9月，老熟入土化蛹越冬。2代区，5月中旬至6月中旬羽化；第一代幼虫5月下旬至7月发生，第一代成虫7月发生；第二代幼虫7月下旬发生，危害至9月，入土化蛹越冬。成虫昼伏夜出，有趋光性。卵多产于树皮裂缝中。幼虫体大，食量也大，暴食叶片。老熟幼虫多在树冠下疏松土中4～7厘米深处做土室化蛹。幼虫天敌有寄生蜂等。

图 2-34　枣豆虫成虫

图 2-35　枣豆虫成龄幼虫

图 2-36　枣豆虫老龄幼虫

4. 防治要点

（1）农业防治：冬、春深翻树盘，利用低温或鸟食消灭土中越冬蛹。幼虫发生期经常检查，发现危害及时捕捉消灭。成虫发生期设置黑光灯诱杀成虫。

（2）药剂防治：在幼虫初孵期及时喷洒 48% 乐斯本乳油或 50% 杀螟松乳油、70% 马拉硫磷乳油 1000 倍液，或 20% 速灭杀丁乳油 3000 ～ 3500 倍液、52.25% 农地乐乳油 1500 倍液。

十三、枣顶冠瘿螨

枣顶冠瘿螨属蜱螨目，瘿螨科。学名：*Epitrimerus zizyphagus* Keifer，又名枣锈螨、枣锈壁虱、四脚螨，俗称枣灰叶，主分布于黄淮枣区，危害枣的叶、花和幼果。

1. 危害特点　以成、若虫吸食叶、花、果汁液为主。叶片受害后呈现灰白色，沿叶脉向叶面卷曲，后期叶缘焦枯。蕾、花受害后渐变成褐色，干枯脱落。果实受害后出现褐色锈斑，重者落果。受害严重的树早期大量落叶、落果，枣头顶端、芽、叶、枝枯死，影响树冠扩大，削弱树势。（图 2-37，图 2-38）

2. 形态鉴别　成螨：体圆锥形，似胡萝卜状，宽 0.10 ～ 0.11 毫米；越冬代体型前后端都较宽，非越冬代前端宽而尾部细，体白色至淡黄色；头胸部两侧有分节的足 2 对；口器钳状刺吸式，凸出头胸部前端；头胸部背板呈盾状，其上网纹带有颗粒；腹部向后渐细，有

图 2-37　枣顶冠瘿螨害叶正面（上）及背面（下）

图 2-38　枣顶冠瘿螨害叶后期

明显突起的环纹 40 多个；全身有 3 对刚毛指向后方。卵：圆球形，直径 0.079 ～ 0.097 毫米，淡黄色。若螨：体形与成螨相似，略小，初孵化时白色半透明。

3. 发生特点　年发生 3 ～ 4 代，以成螨、若螨在枣股鳞片或枣枝皮缝内越夏、越冬，具有代数多、抗逆力强、蔓延迅速、分布面广、难于控制的特点。翌年 4 月下旬枣树发芽时出蛰危害嫩芽，枣树展叶后群集于叶片基部叶脉两侧的正、反面，后逐渐布满叶片、枣果及枣头危害。5 月中、下旬产卵，卵散产于叶片正、反面及枣头上。6 月上旬当平均气温达 20℃时，虫口密度急剧上升，为全年危害盛期，叶片及枣头顶端生长点完全被螨体布满。6 月下旬螨卵和若螨在幼果梗洼、果肩部危害。7 月中旬气温达 24℃以上时，卵、螨同时发生，为第 3 个危害高峰期。9 月中旬全部迁移到枣股缝隙，转入休眠状态。6 ～ 8 月降水量少时发生严重。

4. 防治要点

（1）农业防治：冬、春季用硬刷子刮刷老树皮，消灭越冬螨；夏季干旱时，用高压喷雾器叶面喷清水，并及时果园灌水，对减轻螨害作用很大；5 月上旬发生初期，用高压喷雾器喷洒洗衣粉 500 倍液，防治效果好且不污染环境。

（2）药剂防治：于 4 月上旬枣树发芽前，用 5 波美度石硫合剂喷布枣树，以消灭越冬成螨；5 月上中旬、7 月上旬，树上喷洒 0.3 ～ 0.5 波美度石硫合剂或 5% 苯螨特乳油 2000 倍液；8 月上旬喷洒 2% 杀螨菊酯乳油 1500 倍液、5.7% 百树菊酯乳油 3000 倍液等，兼治枣黏虫和桃蛀螟等。

十四、枣飞象

枣飞象属鞘翅目，象甲科。学名：*Scythropus yasumatsui* Kono et Morimoto，又名食芽象甲、大谷月象、枣芽象甲、小灰象鼻虫，分布于全国各枣区，危害枣、苹果、梨、核桃等果树的芽、叶。

1. 危害特点 成虫食芽、叶，常将枣树嫩芽吃光，第二、三批芽才能长出枝叶来，推迟生育，削弱树势，降低产量与品质。幼虫生活于土中，危害植物地下部组织。

2. 形态鉴别 成虫：体长 4～6 毫米，长椭圆形，体黑色，被白、土黄、暗灰等色鳞片，体呈深灰色至土黄灰色，腹面银灰色；头宽，喙短粗、宽略大于长，背面中部略凹；触角膝状，11 节，着生在头管近前端；前胸宽略大于长，两侧中部圆突；鞘翅长 2 倍于宽，近端部 1/3 处最宽，末端较狭，两侧包向腹面，鞘翅上各有纵刻点列 9～10 列。卵：椭圆形，0.6 毫米 × 0.4 毫米，初乳白色，渐至黑褐色。幼虫：体长 5～7 毫米，头淡褐色，体乳白色，各节多横皱，略弯曲，无足，前胸背面淡黄色。蛹：长 4～6 毫米，略呈纺锤形，乳白色至红褐色。（图 2-39）

图 2-39 枣飞象成虫

3. 发生特点 年发生 1 代，以幼虫于 5～10 厘米深的土中越冬。3 月下旬越冬幼虫开始上移到表土层活动、危害，4 月上旬至 5 月上旬老熟化蛹，蛹期 12～15 天。4 月下旬至 5 月上旬成虫羽化，经 4～7 天出土，成虫寿命 20～30 天，危害至 6 月上旬。成虫多沿树干爬上树危害，以 10～16 时高温时最为活跃，可短距离飞行，早晚低温或阴雨刮风时多栖息在枝杈处和枣股基部不动，受惊扰时假死落地。卵产于枝干皮缝和枣股脱落后的枝痕内，数粒成堆产在一起，产卵期为 5 月上旬至 6 月上旬，卵期 20 天左右，5 月中旬陆续孵化落地入土，危害至秋后，做近圆形土室于内越冬。

4. 防治要点

（1）农业防治：成虫出土前，于树干周围铺塑料薄膜，四周用土压实，将土中羽化成虫闷死于地下；成虫上树后，树下铺塑料布，早、晚震落、搜集成虫捕杀之。

（2）土壤处理：4月下旬成虫开始出土上树时，用25%辛硫磷胶囊剂200～300倍液喷洒树干及树干基部60～90厘米范围内地面，树干喷药至淋洗状态；或每株成树撒5%辛硫磷颗粒剂100～150克，撒后浅耙表土使土药混匀，毒杀上树成虫效果好且省工。该措施做得好，可基本控制此虫危害。

（3）树上防治：成虫危害期，树冠上可喷洒90%晶体敌百虫或50%辛硫磷乳油1000～1500倍液、5.7%百树菊酯乳油3000倍液、10%多来宝乳油2000倍液等防治。

十五、球胸象甲

球胸象甲属鞘翅目，象甲科。学名：*Piazomias validus* Motschulsky，分布于黄淮枣区，危害枣、苹果等果树的芽、叶。

1．危害特点 成虫食枣树嫩叶成缺刻状，并排黑色黏粪于叶面，易引发煤污病。

2．形态鉴别 成虫：体长8.8～13毫米，体宽3.2～5.1毫米，黑色，具光泽，被覆淡绿色或灰色间杂有金黄色的鳞片，其鳞片相互分离；头部略凸出，表面被覆较密鳞片，鳞片间散布带毛颗粒；足上有长毛，胫节内缘有粗齿；胸板第三至五节密生白毛，少鳞片；雌虫腹部短粗，末端尖，基部两侧各具沟纹1条；雄虫腹部细长，中间凹，末端略圆。（图2-40）

图2-40 球胸象甲成虫

3．发生特点 年发生1代，以幼虫在土中越冬。翌年4、5月化蛹，5月下旬至6月上旬羽化，河南小麦收割期正处该虫出土盛期，7月为危害枣树盛期，严重时可把整株树叶吃光，仅留主叶脉。成虫具假死性。

4．防治要点

（1）农业防治：冬、春季耕翻树盘，利用低温、鸟食消灭土中越冬虫态；成虫发生期，利用成虫的假死性，在清晨或傍晚震树捕杀成虫。

（2）药剂防治：成虫出土上树前，在树干半径1米内，喷洒50%辛硫磷乳油500倍液，喷后耙松表土，使药与土混合均匀，毒杀羽化出土的成虫。成虫危害期，喷洒 90% 晶体敌百虫或 50% 杀螟松乳油 1000 倍液、10% 氯氰菊酯乳油 2000 倍液、2.5% 敌杀死乳油 2500 ~ 3000 倍液等。

十六、麻皮蝽

麻皮蝽属半翅目，蝽科。学名：*Enthesina fullo* Thunberg，又名黄霜蝽、黄斑蝽、麻皮蝽象、臭屁虫，分布于全国各枣产区，危害枣、梨、石榴、柑橘等果树的叶和果。

1. 危害特点 成、若虫刺吸寄主植物的嫩茎、嫩叶和果实汁液。叶片和嫩茎被害后，出现黄褐色斑点，叶脉变黑，叶肉组织颜色变暗，重者导致叶片提早脱落、嫩茎枯死；果实被害后，果面呈现黑色麻点。

2. 形态鉴别 成虫：体长 18~24.5 毫米，宽 8 ~ 11.5 毫米，密布黑色点刻；背部棕褐色；前胸背板、小盾片、前翅革质部布有不规则细碎黄色突起斑纹；前翅膜质部黑色；腹面黄白色；头部稍狭长，前尖；触角 5 节，黑色，丝状。卵：近鼓状，顶端具盖，白色。若虫：初龄若虫胸、腹背面有许多红、黄、黑相间的横纹；2 龄若虫腹背前面有 6 个红黄色斑点，后面中间有 1 个椭圆形褐色突起斑；老熟若虫与成虫相似，红褐色或黑褐色，触角 4 节、黑色，前胸背板中部及小盾片两侧角具 6 个淡红色斑点，腹背中部具暗色斑 3 个，其上各有淡红色臭腺孔 2 个。（图 2-41 ~ 图 2-43）

图 2-41 麻皮蝽成虫

图 2-42 麻皮蝽低龄若虫

图 2-43 麻皮蝽大龄若虫

3. 发生特点　年发生1代，以成虫于草丛、树洞、树皮裂缝、枯枝落叶下、墙缝或屋檐下越冬。翌春果树发芽后开始活动，5～7月交配产卵。卵多产于叶背，数粒或数十粒粘在一起，卵期约10天。5月中旬见初孵若虫，7～8月羽化为成虫危害至深秋，10月开始越冬。成虫飞行力强，喜在树体上部活动，有假死性，受惊时分泌臭液。

4. 防治要点

（1）农业防治：冬、春季清除园地枯叶杂草，集中烧毁或深埋。成、若虫危害期，在成虫产卵期前，于清晨震落捕杀。

（2）药剂防治：成虫产卵期和若虫期喷洒25%溴氰菊酯乳油2000倍液或10%氯菊酯乳油1000～1500倍液、30%杀虫磷乳油600～1000倍液、10%杀螟菊酯乳油800～1000倍液等。

十七、茶翅蝽

茶翅蝽属半翅目，蝽科。学名：*Halyomorpha halys* Stal，又名臭木蝽象、臭木蝽、茶色蝽，除新疆、宁夏、青海未见报道外，其余各省均有分布，危害枣、梨、石榴、苹果、柑橘等果树的叶、芽和果实。

1. 危害特点　成、若虫刺吸叶、嫩梢及果实汁液，致植株生长变弱，果实表面出现黑色斑点。

2. 形态鉴别　成虫：体长12～16毫米，宽6.5～9.0毫米，扁椭圆形，淡黄褐色至茶褐色，略带紫红色；前胸背板、小盾片和前翅革质部有黑褐色刻点，前胸背板前缘横列4个黄褐色小点，小盾片基部横列5个小黄点；腹部侧接缘为黑黄相间。卵：圆筒形，直径约0.7毫米，灰白色至黑褐色。若虫：初孵体长1.5毫米左右，近圆形，腹部淡橙黄色，各腹节两侧节间各有1个长方形黑斑（共8对），腹部第三、五、七节背面中部各有1个较大的长方形黑斑；老熟若虫与成虫相似，无翅。（图2-44～图2-46）

3. 发生特点　年发生1代，以成虫在空房、屋角、檐下、树洞、土缝、石缝及草堆等处越冬。5月上旬陆续出蛰活动，6月上旬至8月产卵。卵块多产于叶背，每块20～30粒，卵期10～15天，6月中、下旬为卵孵化盛期。7月上旬出现若虫。8月中旬至9月下旬为成虫盛期。成虫和若虫受到惊扰或触动时，即分泌臭液逃逸。天敌有蝽象黑卵蜂、稻蝽小黑卵蜂等。

4. 防治要点

（1）保护、利用天敌：①5月至7月为该虫寄生蜂成虫羽化和产卵期，果园应避免使用触杀性杀虫剂；②果园外围栽榆树作为防

图 2-44 茶翅蝽成虫

图 2-45 茶翅蝽初孵若虫

图 2-46 茶翅蝽大龄若虫

护林，可保护蝽象黑卵蜂到林带内蝽象卵上繁殖。

（2）农业防治：冬、春季捕杀越冬成虫。发生期随时摘除卵块及捕杀初孵群集若虫。

（3）药剂防治：于成虫产卵期和低龄若虫期喷洒 48% 乐斯本乳油 2000 倍液或 20% 氰戊菊酯乳油 3000 倍液、50% 丙硫磷乳油 1000 倍液、5% 氟虫脲乳油 1000 ~ 1500 倍液等。

十八、绿盲蝽

绿盲蝽属半翅目，盲蝽科。学名：*Lygocoris lucorum* Meyer-Dur，又名花叶虫、小臭虫、棉青盲蝽、青色盲蝽、破叶疯、天狗蝇等，分布于全国各枣产区，危害枣、桃、杏、葡萄、石榴、棉花、柑橘等果树的芽、叶和花。

1. 危害特点 成、若虫刺吸叶片、嫩芽汁液，造成大量破孔、皱缩不平的“破叶疯”，叶缘残缺破烂，叶卷缩畸形、早落；重者腋芽、生长点受害，造成腋芽丛生。

2. 形态鉴别 成虫：体长 5 毫米，宽 2.2 毫米，绿色，密被短毛；头部三角形；触角 4 节，丝状，约为体长的 2/3；前胸背板黄绿色，布许多小黑点；小盾片三角形，微突，黄绿色；前翅膜片半透明，暗灰色。卵：长 1 毫米，黄绿色，卵盖奶黄色。若虫：与成虫相似，初孵时绿色；2 龄黄褐色；3 龄出现翅芽；4 龄翅芽超过第一腹节；5 龄后全体鲜绿色，密被黑色细毛，触角淡黄色。（图 2-47，图 2-48）

图 2-47　绿盲蝽成虫

图 2-48　绿盲蝽若虫

3. 发生特点　年发生 3 ~ 7 代，以卵在树皮裂缝、树洞、枝杈处及近树干土中越冬。翌春 3 ~ 4 月，卵孵化为若虫开始危害花和嫩芽、叶。成虫寿命长，喜食花蜜，产卵期 30 ~ 40 天。非越冬代卵多散产在嫩叶、茎、叶柄、叶脉、嫩蕾等组织内，卵期 7 ~ 9 天。成虫和若虫于晚上、有露水的早上及阴天活动危害，爬行迅速，受惊扰立即逃匿，以春、秋两季危害重。主要天敌有寄生蜂、草蛉、捕食性蜘蛛等。

4. 防治要点

（1）农业防治：冬、春季清理园中枯枝、落叶和杂草，刮刷树皮、树洞，消灭越冬卵。保护、利用天敌防治。

（2）药剂防治：于 3 月下旬至 4 月上旬越冬卵孵化期、4 月中、下旬若虫盛发期及 5 月上、中旬三个关键期喷洒 20% 氰戊菊酯乳油 2500 倍液或 48% 乐斯本乳油 1500 倍液、52.25% 农地乐乳油 2000 倍液等。

十九、白囊蓑蛾

白囊蓑蛾属鳞翅目，蓑蛾科。学名：*Chalioides kondonis* Matsumura，又名白囊袋蛾、白蓑蛾、白袋蛾、白避债蛾、棉条蓑蛾、橘白蓑蛾，分布于全国各枣产区，危害枣、苹果、桃、柑橘等果树的芽和叶。

1. 危害特点　幼虫在护囊中咬食叶片、嫩梢或剥食枝干、果实皮层，造成寄主植物光秃。

2. 形态鉴别　成虫：雌体长 9 ~ 16 毫米，蛆状，体黄白色至浅黄褐色，微带紫色，头小，触角小，各胸节及第一、二腹节背面具有光泽的硬皮板，其中央具褐色纵线，体腹面至第七腹节各节中央皆具紫色圆点 1 个，第三腹节后各节有浅褐色丛毛，腹部肥大，尾端瘦小似锥状；雄体长 6 ～ 11 毫米，翅展 18 ～ 21 毫米，体浅褐色，密被白色长毛，触角羽状，翅白色、透明，后翅基部有白色长毛。卵：椭圆形，长 0.8 毫米，浅黄色至鲜黄色。幼虫：体长 25 ～ 30 毫米，黄白色，头部橙黄色至褐色，上具暗褐色至黑色云状点纹；胸节背面硬皮板褐色，上有黑色点纹；第八、九腹节背面具褐色大斑，臀板褐色；有胸足和腹足。蛹：黄褐色，雌体长 12 ～ 16 毫米，雄体长 8 ～ 11 毫米。蓑囊：灰白色，长圆锥形，长 27 ～ 32 毫米，丝质紧密，表面无枝和叶附着。（图 2-49）

图 2-49　白囊蓑蛾囊

3. 发生特点　年发生 1 代，以低龄幼虫于蓑囊内在枝干上越冬。翌春寄主发芽展叶期幼虫开始危害，6 月老熟化蛹，6 月下旬至 7 月羽化，雌虫仍在蓑囊里，雄虫飞来交配，产卵在蓑囊内，卵期 12 ～ 13 天。幼虫孵化后爬出蓑囊，爬行或吐丝下垂分散传播，在枝叶上吐丝结蓑囊，常数头在叶上群居食害叶肉。随幼虫生长，蓑囊渐大。幼虫活动时携囊而行，取食时头胸部伸出囊外，受惊扰时缩回囊内。幼虫经一段时间取食便转至枝干上越冬。天敌有寄生蝇、姬蜂、白僵菌等。

4. 防治要点

（1）农业和生物防治：及时摘除蓑囊；保护、利用天敌。

（2）药剂防治：幼虫低龄期，虫囊长约 1 厘米左右，喷洒 90% 晶体敌百虫或 50% 敌敌畏乳油、2% 罗速发乳油 1000 倍液，速灭杀丁乳油或 5% 来福灵乳油 3000 倍液等。

二十、茶蓑蛾

茶蓑蛾属鳞翅目，蓑蛾科。学名：*Clania minuscule* Butler，又名小窠蓑蛾、小蓑蛾、小袋蛾、茶袋蛾、避债蛾、茶背袋虫，分布于全国各枣产区，危害枣、桃、柑橘、石榴等 100 多种植物的叶、芽、果皮。

1. 危害特点　幼虫在护囊中咬食叶片、嫩梢或剥食枝干、果实皮层，造成局部光秃。该虫喜集中危害。

2. 形态鉴别　成虫：雌蛾体长 12 ～ 16 毫米，足退化，无翅，蛆状，体乳白色，头小、褐色，腹部肥大，体壁薄，能看见腹内卵粒；雄蛾体长11～15毫米，翅展22～30毫米，体翅暗褐色，触角双栉状，胸部、腹部具鳞毛，前翅翅脉两侧色略深，外缘中前方具近正方形透明斑2个。卵：椭圆形，0.8毫米×0.6毫米，浅黄色。幼虫：体长16～28毫米；头黄褐色，胸部背板灰黄白色，背侧具褐色纵纹2条，胸节背面两侧各具浅褐色斑1个；腹部棕黄色，各节背面均有“八”字形黑色小突起4个。蛹：雌蛹纺锤形，长14～18毫米，深褐色；雄蛹深褐色，长13毫米。护囊：纺锤形，枯枝色，成长幼虫的护囊，雌的长约30毫米，雄的约25毫米。囊系以丝缀结叶片、枝条碎片及长短不一的枝梗而成，枝梗整齐地纵裂于囊的最外层。（图2-50～图2-54）

3. 发生特点 贵州年发生1代，华东地区年发生1～2代，台湾年发生2～3代，以幼虫在枝叶上的护囊内越冬。翌春3月越冬幼虫开始取食，5月中、下旬化蛹，6月上旬至7月中旬成虫羽化并产卵，卵期12～17天。第一代幼虫

图2-50 茶蓑蛾雌成虫

图2-51 茶蓑蛾雄成虫

图2-52 茶蓑蛾幼虫

图2-53 茶蓑蛾蛹

图 2-54　茶蓑蛾囊

6 ~ 8 月发生，且危害重，幼虫期 50 ~ 60 天。第二代幼虫 9 月出现，危害至落叶越冬。幼虫孵化后先取食卵壳，后爬上枝叶或飘至附近枝叶上，吐丝黏缀碎叶营造护囊，并开始取食。天敌有蓑蛾疣姬蜂、松毛虫疣姬蜂、桑蟥疣姬蜂、大腿蜂、小蜂等。

4．防治要点

（1）农业防治：发现虫囊及时摘除，集中烧毁。

（2）生物防治：注意保护、利用寄生蜂等天敌昆虫；或喷洒每克含 1 亿活孢子的杀螟杆菌或青虫菌 6 号悬浮剂防治。

（3）药剂防治：在幼虫初孵期，喷洒 90% 晶体敌百虫或 50% 杀螟松乳油 1000 倍液，80% 敌敌畏乳油 1200 倍液、2.5% 溴氰菊酯乳油 2000 倍液等。

二十一、枣刺蛾

枣刺蛾属鳞翅目，刺蛾科。学名：*Iragoides conjuncta* Walker，又名枣奕刺蛾，分布于华北、黄淮、华东等产区，危害枣、柿、梨、苹果、山楂、杏、核桃等果树的叶。

1．危害特点　低龄幼虫取食叶肉，仅留表皮；虫龄稍大即取食全叶。

2．形态鉴别　成虫：雌成虫翅展 29 ~ 33 毫米，触角丝状；雄成虫翅展 28 ~ 31.5 毫米，触角短双栉齿状；全体褐色，胸背中间鳞毛红褐色；腹部背面各节有似“人”字形的褐红色鳞毛；前翅基部褐色，中部黄褐色，近外缘处有 2 块似菱形的斑纹彼此连接，靠前一块褐色，后边一块红褐色；后翅灰褐色。卵：椭圆形，长 1.2 ~ 2.2 毫米，鲜黄色。幼虫：体长 20 ~ 25 毫米，黄绿色，背面的蓝色斑连接成近椭圆形斑纹；体背有 6 对红色长枝刺，其中胸部 3 对、体中部 1 对、腹末 2 对；体两侧各节有红色短刺毛丛 1 对。蛹：椭圆形，长 12 ~ 13 毫米，初黄色，渐变为褐色。茧：长 11 ~ 14.5 毫米，椭圆形，土灰褐色。（图 2-55，图 2-56）

3．发生特点　年发生 1 代，以老熟幼虫在树干根部土内 7 ~ 9 厘米深处结茧越冬。翌年 6 月下旬成虫羽化。7 月上旬幼虫孵化，7 月下旬至 8 月中旬危害重，8 月下旬幼虫逐渐老熟，下树入土结茧越

图 2-55　枣刺蛾成虫

图 2-56　枣刺蛾幼虫

冬。成虫昼伏夜出，有趋光性。卵产于叶背，成片排列，幼虫孵化后即分散至叶背面危害。

4. 防治要点

（1）农业防治：冬、春季深翻园地，利用低温和鸟食消灭土中越冬茧。产卵期摘除有卵叶片灭卵。

（2）药剂防治：幼虫危害初期，喷洒90%晶体敌百虫或50%敌敌畏乳油800～1000倍液；40%辛硫磷乳油1200倍液、50%杀螟硫磷乳油1000倍液、20%氰戊菊酯乳油2500倍液、25%灭幼脲悬浮剂2000倍液、2.5%敌杀死乳油3000～4000倍液等。

二十二、黄刺蛾

黄刺蛾属鳞翅目，刺蛾科。学名：*Cnidocampa flavescens* Walker，又名刺蛾、洋辣子、八角虫、八角罐、羊蜡罐、白刺毛等，分布于全国各枣产区，危害枣、桃、杏、石榴、苹果等果树的芽、叶。

1. 危害特点　幼虫食叶。低龄幼虫群集叶背面啃食叶肉，仅留白色的叶表皮；稍大可把叶食成网状；随虫龄增大则分散取食，将叶片吃成缺刻，仅留叶柄和叶脉，重者吃光全树叶片。

2. 形态鉴别　成虫：体长13～16毫米，翅展30～34毫米；头和胸部黄色，腹背黄褐色；前翅内半部黄色，外半部褐色，有2条暗褐色斜线在翅尖上汇合于一点，呈倒“V”字形，内面一条伸到中室下角，为黄色与褐色的分界线。卵：椭圆形，黄绿色。幼虫：体长16～25毫米，头小，胸腹部肥大，呈长方形（似幼儿的娃娃鞋），黄绿色；体背有1个两端粗中间细的哑铃形紫褐色大斑，和许多突起枝刺。蛹：椭圆形，长12毫米，黄褐色。茧：灰白色，质地坚硬，茧壳上有几道褐色、长短不一的纵纹，形似雀蛋。（图2-57～图2-61）

图 2-57　黄刺蛾成虫

图 2-58　黄刺蛾成龄幼虫

图 2-59　黄刺蛾老龄幼虫

图 2-60　黄刺蛾蛹

图 2-61　黄刺蛾茧

3. 发生特点　年发生 2 代，以老熟幼虫在树枝上结茧越冬。翌年 5 月上旬化蛹，5 月中、下旬至 6 月上旬羽化。成虫趋光性强，产卵于叶背面，数十粒连成一片。6 月中、下旬幼虫孵化，初孵幼虫喜群集危害，数头幼虫白天头向内形成环状静伏于叶背，6 月下旬至 7 月上、中旬幼虫老熟后，固贴在枝条上作茧化蛹。7 月下旬出现第二代幼虫，危害至 9 月初，结茧越冬。天敌主要有上海青蜂和黑小蜂等。

4. 防治要点

（1）农业防治：冬、春季剪除冬茧，集中烧毁，消灭越冬虫态。摘除冬茧时，识别青蜂（冬茧上端有被寄生蜂产卵时留下的小孔），选出保存，来年放入果园天然繁殖寄杀虫茧。

（2）药剂防治：参考枣刺蛾。

二十三、白眉刺蛾

白眉刺蛾属鳞翅目，刺蛾科。

学名 *Narosa edoensis* Kawada，又名杨梅刺蛾，分布于全国多数枣产区，危害枣、桃、杏、石榴、核桃、柿等果树的芽、叶。

1. 危害特点 幼虫危害叶片。低龄幼虫啃食叶肉，稍大把叶片食成缺刻或孔洞，重者仅留主脉。

2. 形态鉴别 成虫：体长8毫米，翅展16毫米左右；前翅乳白色，端部具浅褐色、浓淡不均的云状斑。幼虫：体长7毫米左右，扁椭圆形，绿色；体背部隆起呈龟甲状；头褐色，很小，缩于胸前；体上无明显刺毛；体背生2条黄绿色纵带纹，纹上具小红点。蛹：长4.5毫米，近椭圆形。茧：长5毫米，圆桶形，灰褐色。（图2-62～图2-65）

3. 发生特点 年发生2～3代，以老熟幼虫在树杈或叶背结茧越冬。翌年4～5月化蛹，5～6月成虫羽化，成虫昼伏夜出，有趋光性。卵块产于叶背，每块有卵8粒左右，卵期7天。7～8月进入幼虫危害期，低龄幼虫在叶背取食，留下半透明的上表皮，随虫龄增大，把叶食成缺刻或孔洞，重者食完全叶。8月下旬幼虫老熟，结茧越冬。

图2-62 白眉刺蛾成虫

图2-63 白眉刺蛾幼虫

图2-64 白眉刺蛾老龄幼虫

图2-65 白眉刺蛾茧

4. 防治要点　同黄刺蛾。

二十四、丽绿刺蛾

丽绿刺蛾属鳞翅目，刺蛾科。学名：*Latoia lepida* Cramer，又名绿刺蛾，分布于全国各枣产区，危害枣、桃、杏、石榴、苹果、梨、柑橘等果树的芽、叶。

1. 危害特点　幼虫蚕食叶片。低龄幼虫群集叶背，食叶成网状；重者食净叶肉，仅剩叶柄。（图2-66）

2. 形态鉴别　成虫：体长10～17毫米，翅展35～40毫米；雄蛾触角双栉齿状，雌蛾触角基部丝状；头顶、胸背绿色，腹部灰黄色；前翅绿色，肩角处有1块深褐色尖刀形基斑，外缘具深棕色宽带；后翅浅黄色，外缘带褐色。卵：扁平椭圆形，长径约1.5毫米，浅黄绿色。幼虫：体长25～27毫米，初龄时黄色，稍大转为粉绿色；从中胸至第八腹节各有4个瘤状突起，上生有黄色刺毛丛，第一腹节背面的毛瘤各有3～6根红色刺毛；腹部末端有4丛球状黑色刺毛；背中央具暗绿色带3条，两侧有浓蓝色点线。蛹：椭圆形，长约13毫米，黄褐色。茧：椭圆形，长约15毫米，暗褐色，坚硬。（图2-67～图2-70）

3. 发生特点　年发生2代，以老熟幼虫在树干上结茧越冬。翌年4月下旬至5月上旬化蛹，第一代成虫于5月末至6月上旬羽化，第一代幼虫于6月至7月发生；第二代成虫8月中、下旬羽化，第二代幼虫于8月下旬至9月发生，至10月上旬在树干上结茧越冬。成虫有强趋光性，产卵于叶背，数十粒成块。初孵幼虫常7～8头群集取食，稍大后分散危害。幼虫体上的刺毛丛含有毒腺，人体皮肤接触后，常因毒液进入皮下而肿胀奇痛，故有“洋辣子”之称。天敌有爪哇刺蛾寄蝇等。

图2-66　丽绿刺蛾低龄幼虫群害

图2-67　丽绿刺蛾成虫

图 2-68　丽绿刺蛾幼虫

图 2-69　丽绿刺蛾蛹

图 2-70　丽绿刺蛾茧

4. 防治要点

(1) 农业防治：冬、春季清洁果园，消灭树枝上的越冬茧。

(2) 捕杀初龄幼虫：及时摘除初孵幼虫群集危害的叶片，消灭之。注意勿使虫体接触皮肤。

(3) 药剂防治：幼虫初孵期喷药防治，参阅枣刺蛾防治方法。

二十五、青刺蛾

青刺蛾属鳞翅目，刺蛾科。学名*Latoia consocia* Walker，又名褐边绿刺蛾、褐缘绿刺蛾、四点刺蛾、曲纹绿刺蛾，幼虫俗称洋辣子，分布于全国各枣产区，危害枣、桃、杏、苹果、石榴、柑橘等果树的芽、叶。

1. 危害特点　低龄幼虫取食叶的下表皮和叶肉，留下上表皮，致叶片呈不规则黄色斑块；大龄幼虫食叶成孔洞和缺刻，重者吃光全叶，仅留主脉。

2. 形态鉴别　成虫：体长16毫米，翅展38～40毫米；雄蛾触角栉齿状，雌蛾触角丝状；头、胸、背绿色，胸背中央有1条棕色纵线，腹部灰黄色；前翅绿色，基部有暗褐色大斑，外缘为灰黄色宽带；后翅灰黄色。卵：扁椭圆形，长1.5毫米，黄白色。幼虫：体长25～28毫米，初龄黄色，稍大黄绿色至绿色；中胸至第八腹节各有4个瘤状突起，上生青色刺毛束，腹末有4个毛瘤丛，生蓝黑球状刺毛；背线绿色，两侧有深蓝色点。蛹：椭圆形，长13毫米，黄褐色。茧：椭圆形，长16毫米，暗褐色，坚硬。(图2-71～图2-74)

图 2-71　青刺蛾成虫

图 2-72　青刺蛾低龄幼虫

图 2-73　青刺蛾幼虫

图 2-74　青刺蛾茧

3. 发生特点　年发生 1 ～ 3 代，以前蛹于茧内在树干基部浅土层或枝干上越冬。1 代区 6 月上中旬至 7 月中旬越冬成虫羽化，6 月下旬至 9 月幼虫发生危害，8 月危害最重，8 月下旬后幼虫陆续结茧越冬。2 代区 5 月中旬越冬代成虫羽化，第一代幼虫 6～7 月发生，第一代成虫 8 月中、下旬羽化；第二代幼虫 8 月下旬至 10 月中旬发生，10 月上旬幼虫结茧越冬。成虫昼伏夜出，有趋光性。卵多产于叶背主脉附近，数十粒呈鱼鳞块状排列，卵期 7 天左右。幼龄虫群集，稍大后分散。天敌有紫姬蜂和寄生蝇。

4. 防治要点

(1) 生物防治：秋、冬季摘有寄生蜂的虫茧，放入细纱笼内，保护和引放寄生蜂。低龄幼虫期，每 667 平方米用每克含 100 亿孢子的白僵菌粉 0.5 ～ 1 千克，在雨湿条件下防治效果好。

(2) 农业防治：幼虫群集危害期人工捕杀，注意手不要碰到幼虫毒毛。利用黑光灯诱杀成虫。

(3) 药剂防治：幼虫发生期

及时喷洒 90% 晶体敌百虫或 80% 敌敌畏乳油、50% 马拉硫磷乳油、50% 杀螟松乳油等 1000 倍液，或 50% 辛硫磷乳油 1500 倍液、10% 天王星乳油 3000 倍液、2.5% 鱼藤酮 300 ~ 400 倍液。

二十六、扁刺蛾

扁刺蛾属鳞翅目，刺蛾科。学名：*Thosea sinensis* Walker，又名黑点刺蛾、黑刺蛾，分布于全国各枣产区，危害枣、桃、杏、石榴、苹果、柑橘等果树的芽、叶。

1. 危害特点 初孵幼虫群集叶背啃食叶肉，使叶片仅留透明的上表皮；随虫龄增大，食叶成空洞和缺刻，重者食光叶片。

2. 形态鉴别 成虫：体长 13 ~ 18 毫米，翅展 28 ~ 35 毫米；体暗灰褐色，腹面及足色较深；雌蛾触角丝状，雄蛾触角羽状；前翅灰褐色稍带紫色，中室外侧有 1 条明显的暗斜纹，自前缘近顶角处向后缘斜伸；雄蛾中室上角有 1 个黑点；后翅暗灰褐色。卵：扁平椭圆形，长 1.1 毫米，淡黄绿色至灰褐色。幼虫：体长 21 ~ 26 毫米，宽 16 毫米，体扁，椭圆形，背部稍隆起，形似龟背；全体绿色、黄绿色或淡黄色，背线白色；体边缘有 10 个瘤状突起，其上生有刺毛，第四节背面两侧各有 1 个红点。蛹：长 10 ~ 15 毫米，近椭圆形，乳白色至黄褐色。茧：椭圆形，长 12 ~ 16 毫米，紫褐色。（图 2-75 ~ 图 2-78）

3. 发生特点 年发生 1 ~ 3 代，以老熟幼虫在树下 3 ~ 6 厘米土层内结茧，以前蛹越冬。1 代区 6 月上旬羽化、产卵，6 月中旬至 9 月上、中旬幼虫发生危害。2 ~ 3 代区 5 月中旬至 6 月上旬羽化；第一代幼虫 5 月下旬至 7 月中旬发生；第二代幼虫 7 月下旬至 9 月中旬发生；第三代幼虫 9 月上旬至 10 月发生，均以老熟幼虫入土结

图 2-75 扁刺蛾成虫

图 2-76 扁刺蛾低龄幼虫

图 2-77 扁刺蛾成龄幼虫

图 2-78 扁刺蛾茧

茧越冬。卵多散产于叶面上，卵期7天左右。低龄幼虫啃食叶肉，留下一层表皮，大龄幼虫取食全叶，虫量多时，常从枝的下部叶片吃至上部，每枝仅存顶端几片嫩叶。

4. 防治要点

（1）农业防治：冬、春季耕翻树盘，消灭其内越冬的虫茧。

（2）幼虫发生期喷洒青虫菌6号悬浮剂1000倍液，杀虫保叶。

（3）药剂防治：卵孵化盛期和低龄幼虫期喷洒50%辛硫磷乳油或45%马拉硫磷乳油1000倍液、5%来福灵乳油2000倍液等。

二十七、绿尾大蚕蛾

绿尾大蚕蛾属鳞翅目，大蚕蛾科。学名：*Actias selene ningpoana* Felder，又名燕尾水青蛾、水青蛾、长尾月蛾、绿翅天蚕蛾，除新疆、西藏、甘肃等地未见报道外，其余各枣产区均有分布，危害枣、苹果、梨、葡萄、樱桃等果树的叶。

1. 危害特点 幼虫食叶。低龄幼虫食叶成缺刻或空洞；稍大吃光全叶，仅留叶柄。由于虫体大，食量大，严重时吃光全树叶片。

2. 形态鉴别 成虫：雄体长35～40毫米，翅展100～110毫米；雌体长40～45毫米，翅展120～130毫米；体被浓厚白色绒毛，体腹面近褐色；触角黄色羽状；雌翅粉绿色，雄翅色较浅，泛米黄色；前翅前缘具白、紫、棕黑三色组成的纵带1条；前后翅中室末端各具椭圆形眼斑1个；后翅臀角长尾状突出，长40毫米左右。卵：球形稍扁，直径约2毫米，灰白色至紫褐色。幼虫：1～2龄幼虫黑色，3龄幼虫全体橘黄色，4龄幼虫开始渐变嫩绿色，老熟幼虫体长80～110毫米，体绿色、粗壮，近结茧化蛹时变为茶褐色；体节近六角形，着生肉状突毛瘤，毛瘤上具白色刚毛和褐色短刺；毛瘤顶部红色，基部棕黑色；体腹面黑色。

茧：灰白色，丝质粗糙，长卵圆形，长 50～55 毫米，短 25～30 毫米，茧外常有寄主叶包裹。蛹：长 45～50 毫米，紫褐色。（图 2-79 ～图 2-85）

图 2-79　绿尾大蚕蛾成虫

图 2-80　绿尾大蚕蛾卵

图 2-81　绿尾大蚕蛾初孵幼虫

图 2-82　绿尾大蚕蛾 3 龄幼虫

图 2-83　绿尾大蚕蛾成龄幼虫

图 2-84　绿尾大蚕蛾缀叶茧

图 2-85　绿尾大蚕蛾蛹

3. 发生特点 年发生2～4代，在树上作茧化蛹越冬。北方枣产区越冬蛹4月中旬至5月上旬羽化并产卵，卵期10～15天；第一代幼虫5月上、中旬孵化，老熟幼虫6月上、中旬开始化蛹，第一代成虫6月下旬至7月初羽化产卵，卵期8～9天；第二代幼虫7月上旬孵化，至9月底老熟幼虫结茧化蛹。成虫昼伏夜出，有趋光性。卵堆产，每堆有卵几粒至二三十粒。1～2龄幼虫有集群性，较活跃；3龄以后逐渐分散，食量增大，行动迟钝。幼虫老熟后贴枝吐丝缀结多片叶，在其内结茧化蛹越冬，茧多在树干下部分叉处。天敌有赤眼蜂等。

4. 防治要点

(1) 农业防治：冬、春季清除果园枯枝、落叶和杂草，摘除越冬虫茧销毁；生长季节人工捕杀幼虫，设置黑光灯诱杀成虫。

(2) 生物防治：保护、利用天敌。赤眼蜂在室内对卵的寄生率达84%～88%。

(3) 药剂防治：幼虫3龄前，喷药防治效果最佳；4龄后由于虫体增大，用药效果差，可喷洒50%杀螟松乳油1500倍液或50%辛硫磷乳油2000倍液、25%灭幼脲1号胶悬剂或10%氯菊酯乳油1000倍液、10%杀螟菊酯乳油800～1000倍液等。

二十八、樗蚕蛾

樗蚕蛾属鳞翅目，大蚕蛾科。学名：*Philosamia Cynthia* Walker et Felder，又名樗蚕、柏蚕、乌柏樗蚕蛾，分布于华北、黄淮、华南、西南枣产区，危害枣、石榴、花椒、梨、桃、核桃、柑橘等树的芽、叶。

1. 危害特点 幼虫食叶和嫩芽。轻者食叶成缺刻或孔洞，严重时把叶片吃光。

2. 形态鉴别 成虫：体长25～30毫米，翅展110～130毫米；体青褐色，头部四周、颈板前端、前胸后缘、腹部背面、侧线及末端为白色；腹部背面各节有白色斑纹6对；前翅褐色，前翅顶角圆而突出，粉紫色，具有黑色眼状斑，斑的上边为白色弧形；前后翅中央各有1个较大的新月形斑；新月形斑上缘深褐色，中间半透明，下缘土黄色，外侧具1条纵贯全翅的宽带；宽带中间粉红色，外侧白色，内侧深褐色，基角褐色，其边缘有1条白色曲纹。卵：灰白色或淡黄白色，扁椭圆形，长约1.5毫米。幼虫：幼龄幼虫淡黄色，有黑色斑点；中龄后全体被白粉，青绿色；老熟幼虫体长55～75毫米；体粗大，头、胸部具对称蓝绿色略向后倾斜的棘状突起，突起之间有黑色小点；胸足黄色，腹足青绿色，端部黄色。茧：口袋状或橄榄形，长约50毫米，上端开口，用丝缀叶而成，土黄色或灰白色；茧柄长约40～130毫米，常以一张寄主的叶包着半边茧。蛹：棕褐色，椭圆形，长26～30毫米，宽14毫米。（图2-86～图2-90）

图2-88　樗蚕蛾成龄幼虫

图2-86　樗蚕蛾成虫

图2-89　樗蚕蛾茧

图2-87　樗蚕蛾低龄幼虫

图2-90　樗蚕蛾蛹

3. 发生特点　北方年发生1～2代，南方年发生2～3代，以蛹在茧内越冬。河南中部越冬蛹于4月下旬开始羽化为成虫。成虫有趋光性，远距离飞行可达3000米以上，寿命5～10天。卵块状产在寄主的叶背和叶面上，单雌产卵300粒左右，卵历期10～15天。

第一代幼虫5月发生危害，幼虫历期30天左右，初孵幼虫群集危害，稍大后逐渐分散，在枝叶上由下而上昼夜取食。幼虫老熟后即在树上缀叶结茧，树上无叶时，则下树在地被物上结褐色粗茧化蛹，蛹期50多天。7月底至8月初第一代成虫羽化产卵。9～11月第二代幼虫发生危害，以后陆续作厚茧化蛹越冬。幼虫天敌有绒茧蜂、喜马拉雅聚瘤姬蜂、稻苞虫黑瘤姬蜂、樗蚕黑点瘤姬蜂等。

4. 防治要点

（1）人工捕捉：人工摘除卵块或直接捕杀幼虫，喂食家禽；摘下的茧可用于缫丝和榨油。

（2）灯光诱杀：掌握好各代成虫的羽化期，用黑光灯进行诱杀。

（3）生物防治：保护和利用天敌防治。

（4）药剂防治：卵孵化前后和低龄幼虫期，喷洒50%辛硫磷乳油或80%敌敌畏乳油1000倍液；5%氯氰菊酯乳油或2.5%敌杀死乳油、20%甲氰菊酯乳油2000倍液；甲氰菊酯加辛硫磷各半1500倍液，施药后24小时，其防治效果均为100%；不同剂型的鱼藤酮防治效果也很好；也可用20%敌敌畏熏烟剂，每667平方米用0.5～0.7千克，防治幼龄幼虫效果好。

二十九、金毛虫

金毛虫属鳞翅目，毒蛾科。学名：*E.similis xanthocampa* Dyar，又名桑斑褐毒蛾、纹白毒蛾、桑毒蛾、黄尾毒蛾、黄尾白毒蛾等，分布于全国多数枣产区，危害枣、桃、杏、苹果、石榴、樱桃、山楂等果树的芽、叶和嫩果皮。

1. 危害特点 初孵幼虫群集叶背取食叶肉，仅留透明的上表皮；稍大后分散危害，将叶片吃成大的缺刻，重者仅剩叶脉，并啃食嫩果皮。

2. 形态鉴别 成虫：雌体长14～18毫米，翅展36～40毫米；雄体长12～14毫米，翅展28～32毫米；全体及足白色；触角双栉齿状；雌、雄蛾前翅近臀角处有褐色斑纹，雄蛾前翅在内缘近基角处还有一褐色斑纹。卵：直径0.6～0.7毫米，灰白色。幼虫：体长26～40毫米；头黑褐色，体黄色，背线红色；体背面有一橙黄色带，带中央贯穿一红褐间断的线；前胸背面两侧各有一红色瘤，其余各节背瘤黑色，瘤上生黑色长毛束和白色短毛。蛹：长9～11.5毫米。茧：长13～18毫米，椭圆形，淡褐色。（图2-91～图2-94）

3. 发生特点 年发生2～6代，以幼虫结灰白色薄茧在枯叶、

图 2-91　金毛虫成虫

图 2-92　金毛虫卵块

图 2-93　金毛虫幼虫食害枣果

图 2-94　金毛虫茧

树杈、树干缝隙及落叶中越冬。2代区翌年4月开始危害春芽及叶片。一、二、三代幼虫危害高峰期主要在6月中旬、8月上、中旬和9月上、中旬，10月上旬前后开始结茧越冬。成虫昼伏夜出，产卵于叶背，形成长条形卵块，卵期4～7天。每代幼虫历期20～37天。幼虫有假死性。天敌主要有黑卵蜂、矮饰苔寄蝇、桑毛虫绒茧蜂等。

4．防治要点

（1）农业防治：冬、春季刮刷老树皮，清除园内外枯叶、杂草，消灭越冬幼虫。在低龄幼虫集中危害时，摘虫叶灭虫。

（2）在2龄幼虫高峰期，喷洒每毫升含15 000颗粒的多角体病毒悬浮液，每667平方米喷20升。

（3）药剂防治：幼虫分散危害前，及时喷洒2.5%敌杀死乳油或20%速灭杀丁乳油3000倍液、10%天王星乳油4000～5000倍液、52.25%农地乐乳油2000倍液、50%辛硫磷乳油1000倍液、10%吡虫啉可湿性粉剂2500倍液。

三十、茶长卷叶蛾

茶长卷叶蛾属鳞翅目，卷蛾科。学名：*Homona magnanima* Diakonoff，又名茶卷叶蛾、后黄卷叶蛾、褐带长卷蛾、茶淡黄卷叶蛾、柑橘长卷蛾，分布于华东、华南、西南各枣产区，危害枣、石榴、柿、苹果、柑橘等果树的芽、叶。

1. 危害特点　初孵幼虫缀结叶尖，潜居其中取食上表皮和叶肉，残留下表皮，致卷叶呈枯黄薄膜斑；大龄幼虫食叶成缺刻或孔洞。（图 2-95）

2. 形态鉴别　成虫：雌体长 10 毫米左右，翅展 23 ～ 30 毫米，体浅棕色，触角丝状，前翅近长方形、浅棕色，翅尖深褐色，翅面散生许多深褐色细纹，后翅肉黄色、扇形，前缘、外缘茶褐色；雄体长 8 毫米，翅展 19 ～ 23 毫米，前翅黄褐色，基部中央、翅尖浓褐色，前缘中央具一黑褐色圆形斑，前缘基部具一浓褐色近椭圆形突出，后翅浅灰褐色。卵：扁平椭圆形，长 0.8 毫米，浅黄色。幼虫：体长 18 ～ 26 毫米，体黄绿色；头黄褐色；前胸背板近半圆形，褐色，两侧下方各具 2 个黑褐色椭圆形小角质点；胸足色暗。蛹：长 11 ～ 13 毫米，深褐色。（图 2-96 ～图 2-98）

图 2-95　茶长卷叶蛾幼虫危害状

图 2-96　茶长卷叶蛾成虫及蛹壳

图 2-97　茶长卷叶蛾幼虫

图 2-98　茶长卷叶蛾蛹

3. 发生特点 浙江、安徽年发生4代，以幼虫蛰伏在卷苞里越冬。翌年4月下旬成虫羽化并产卵。第一代卵期在4月下旬至5月上旬，幼虫期在5月中旬至5月下旬，成虫期在6月。二代卵期在6月，幼虫期在6月下旬至7月上旬，成虫期在7月中旬。7月中旬至9月上旬发生第三代。9月上旬至翌年4月发生第四代。成虫昼伏夜出，有趋光性、趋化性。卵多产于老叶正面。初孵幼虫在幼嫩芽叶内，吐丝缀结叶尖潜居其中取食，老熟后多离开原虫苞，重新缀结2片老叶，在其中化蛹。天敌有松毛虫赤眼蜂、小蜂、茧蜂、寄生蝇等。

4. 防治要点

(1) 农业防治：冬季剪除虫枝，清除枯枝、落叶和杂草，减少虫源。发生期及时摘除卵块、虫果及卷叶团，集中消灭。

(2) 生物防治：在第一、二代成虫产卵期释放松毛虫赤眼蜂，每代放蜂3～4次，5～7天施放1次，每667平方米每次放蜂2.5万头。

(3) 药剂防治：每代卵孵化盛期或低龄幼虫期喷洒每克含100亿孢子的青虫菌粉剂1000倍液，可混入0.3%茶枯或0.2%中性洗衣粉提高防效；或喷洒每克含50亿孢子的白僵菌菌粉300倍液；90%晶体敌百虫或50%杀螟松乳油1000倍液、2.5%功夫乳油2000～3000倍液、10%氯菊酯乳油1500倍液等。

三十一、美国白蛾

美国白蛾属鳞翅目，灯蛾科。学名：*Hyphantria cunea* Drury，为国内外重要的检疫对象，全国许多枣产区有发生，危害枣、桃、杏、苹果、梨等100多种植物的芽、叶。

1. 危害特点 幼虫群集结网，并在网内食害叶肉，残留表皮；幼虫5龄后出网分散危害，严重时整株叶片被吃光。网幕可随幼虫龄期增长而扩大，长的可达1.5米以上。(图2-99)

图2-99 美国白蛾幼虫群害叶

2. 形态鉴别 成虫：体长12～17毫米，白色；雄虫触角双栉齿状，黑色，雌虫触角锯齿状；越冬代成虫前翅上有较多的黑色斑点，第一代成虫翅面上的斑点较少，雌虫前翅翅面很少有斑点。卵：近球形，直径0.57毫米，灰褐色。幼虫：体长28～35毫米；头黑色，具光泽；体色黄绿色至灰黑色，变化较大，背部两侧线之间有1条灰褐色宽纵带；背部毛瘤黑色，体侧毛瘤橙黄色，毛瘤上生有灰白色长毛。蛹：长8～15毫米，暗红色。（图2-100～图2-103）

3．发生特点　年发生2代，以蛹于茧内，在枯枝、落叶、墙缝、表土层、树洞等处越冬。翌年5月上旬出现成虫。第一代幼虫发生期为6月上旬至7月下旬，第二代幼虫发生期为8月中旬至9月中旬。卵块产于叶片背面，每块300～500粒，单层排列，卵期约7天，幼虫孵化后短时间即吐丝结网，群集网内危害，4龄后分散危害，幼虫期35～42天。幼虫老熟后下树寻找适宜场所，结薄茧化蛹越冬。

4．防治要点

（1）农业防治：清除园中落叶、杂草，冬、春季翻树盘，消灭越冬蛹。

（2）药剂防治：防治的关键时期是第一代幼虫发生期和其他各代幼虫发生初期，可喷洒50%杀螟硫磷乳油1000倍液或80%敌敌

图2-100　美国白蛾成虫

图2-101　美国白蛾卵

图2-102　美国白蛾幼虫

图2-103　美国白蛾蛹和茧

畏乳油1500倍液、90%晶体敌百虫1000～1500倍液、20%氰戊菊酯乳油3000倍液等。

三十二、黑绒金龟

黑绒金龟属鞘翅目，鳃角金龟科。学名：*Maladera orientalis* Motschulsky，又名东方金龟子、天鹅绒金龟子、姬天鹅绒金龟子、黑绒鳃金龟，除西藏未见报道外，其余各省、区均有分布，危害枣、桃、杨、石榴等近150种植物的叶、花和地下根系。

1. 危害特点 成虫食害寄主的嫩叶、芽及花；幼虫危害植物的地下组织。

2. 形态鉴别 成虫：体长7～8毫米，宽4.5～5毫米，雄虫略小于雌虫；体卵圆形，前狭后宽；体褐色至黑色；体表具丝绒般光泽，故称天鹅绒金龟子；触角鳃叶状；前胸背板宽为长的2倍。卵：椭圆形，长1.2毫米，乳白色。幼虫：体长14～16毫米，头部黄褐色，体黄白色。蛹：长8毫米，黄褐色。(图2-104)

图2-104 黑绒金龟成虫

3. 发生特点 年发生1代，以成虫在土中越冬。4月中、下旬出土，5月初至6月上旬为发生盛期。成虫夜间和上午潜伏在地势高燥的草荒地中，下午出土，群集危害，喜食寄主的幼嫩部分，有趋光性和假死性，飞行力较强。6月为产卵盛期，卵散产于植物根际10～20厘米深的表土层中，卵期5～10天。6月中旬幼虫孵化，食害根系。8月中、下旬老熟幼虫潜入地下20～30厘米处，作土室化蛹，并在其中羽化越冬。

4. 防治要点

(1) 农业防治：冬、春季深翻园地，消灭地下越冬成虫。

(2) 成虫发生期防治：利用其假死性，震落扑杀成虫；用黑光灯诱杀成虫。

(3) 药剂防治：用10%辛硫磷颗粒剂处理土壤，杀灭土壤中的幼虫。在成虫发生期，于下午4时后叶面喷洒5%来福灵乳油2000～4000倍液或2%杀螟松粉剂、50%敌敌畏乳油1000倍液等。

三十三、烟蓟马

烟蓟马属缨翅目，蓟马科。学名：*Thrips tabaci* Lindeman，

又名棉蓟马、葱蓟马、瓜蓟马，分布于全国各枣产区，危害枣、棉花、葡萄、石榴、苹果、梨、柑橘等350多种植物的芽和叶。长江以南地区危害枣树的还有茶黄蓟马（又名茶黄硬蓟马、茶叶蓟马）。

1. 危害特点 成、若虫在叶背吸食汁液，使叶面出现灰白色细密斑点或局部枯死。同时危害花蕾和幼果，常导致蕾、果脱落。果实不脱落者，被害部因果皮被食害掉，果实表面木栓化、皱裂，留下大的伤疤，严重影响商品外观，俗称“麻皮病”。（图2-105）

图 2-105 烟蓟马危害状

图 2-106 烟蓟马成虫

2. 形态鉴别 成虫：体长1.2～1.4毫米，体色分黄褐色和暗褐色；前翅淡黄色；头宽大于长；触角7节；前胸稍长于头。卵：肾形或卵圆形，初乳白色，渐至黄白色。若虫：共4龄，1～4龄体长分别为0.3～0.6毫米、0.6～0.8毫米、1.2～1.4毫米、1.2～1.6毫米；体淡黄色；触角6节；4龄翅芽明显，不取食，但可活动。（图2-106）

3. 发生特点 华北地区年发生3～4代，山东、河南年发生6～10代，华南地区年发生20代以上。在25～28℃下，卵期5～7天，若虫期11～14天，成虫寿命8～10天。雌虫可行孤雌生殖，产卵于叶片组织中。该虫以成虫越冬为主，也有以若虫在葱、蒜叶鞘内侧、土块下、土缝内或枯枝、落叶中越冬。在华南地区无越冬现象。成虫极活跃，善飞，怕光，早、晚或阴天取食强。初孵若虫集中在叶基部危害，稍大即分散。25℃和相对湿度60%以下时利于蓟马发生，高温、高湿则不利，暴风雨可降低发生数量。一年中以4～5月危害最重。

4. 防治要点

（1）农业防治：冬、春季及生长季节彻底清除园地周围杂草及枯枝落叶，以减少虫源。

（2）药剂防治：若虫初期喷

洒 50% 辛硫磷乳油 1000 倍液或 10% 吡虫啉可湿性粉剂 2000 倍液、5% 氟虫脲乳油 1500 倍液、1.8% 阿维菌素乳油 3000 倍液、15% 哒螨灵乳油 2000 倍液等，7 ~ 10 天喷 1 次，防治 2 ~ 3 次。

三十四、灰蜗牛

图 2-107 灰蜗牛

灰蜗牛属软体动物门，柄眼目，灰蜗牛科。学名：*Fruticicola ravida* Benson，又名蜒蚰螺，分布于黄淮及以南产区，危害枣、桑、棉、豆、麦等多种果树和农作物的芽、叶。

1. 危害特点 幼体、成体食害芽叶。初孵幼体取食叶肉，留一层表皮；稍大后把叶片吃成缺刻或孔洞。

2. 形态鉴别 成体：体长 30 ~ 36 毫米；贝壳圆球形，壳高 19 毫米，宽 21 毫米，有 5.5 ~ 6 个螺层，壳口椭圆形；贝壳前段体躯背部及两侧各有 2 条显著的黑褐色纵带，近背中线的 2 条较宽，两侧的 2 条较细，且不达于头部。卵：圆球形，直径约 1.3 毫米，初乳白色，渐变为灰黄色，常 10 ~ 20 粒以上黏成卵堆。幼体：初孵幼体长仅 2 毫米，贝壳淡褐色。（图 2-107）

3. 发生特点 年发生 1 ~ 1.5 代，以成体或幼体在林下植物的根部、草堆、石块或松土下面越冬。越冬时，成体分泌一层白膜封住壳口。危害和产卵繁殖主要在 4 ~ 6 月和 11 月两个阶段，以 5 ~ 6 月危害重。晚 6 时后出土觅食、交配、产卵，晨 6 时后再钻进表土中潜伏。成体产卵于 2 ~ 4 厘米深的疏松、潮湿的土中，具有趋香、甜、腥等习性。阴凉、潮湿环境发生量大，春、秋季食量较大，喜食嫩芽、嫩茎和嫩叶等。

4. 防治要点

（1）农业防治：①清除园地杂草、杂物，开沟排水，使环境场所不利于蜗牛栖息；②堆草诱集捕杀，将杂草、树叶等堆放田间，诱集蜗牛到诱集堆下，每天傍晚蜗牛活动高峰时人工捕杀。

（2）石灰带封锁：在沟边、渠边、地头周围撒石灰封锁带，每 667 平方米用生石灰 6 千克效果良好。

（3）药剂防治：用多聚乙醛配成含有效成分为 2.5% ~ 6% 的

豆饼或玉米粉等毒饵，或用每667平方米8%灭蜗灵颗粒剂或6%四聚乙醛颗粒剂0.5～0.7千克，在危害初期撒施地表诱杀。

三十五、枣红蜘蛛

枣红蜘蛛属真螨目，叶螨科。学名：*Tetranychus cinnabarinus* Bois，又名朱砂叶螨、棉红蜘蛛，分布于全国各产区，危害枣、桃等多种果树及农作物的芽和叶。

1. 危害特点　成螨、幼螨和若螨群集在嫩芽和叶片背面吸食汁液。被害芽、叶初期出现失绿的小斑点，后逐渐扩大成片，严重时叶片呈枯白色，提前落叶、落果。（图2-108）

2. 形态鉴别　成螨：椭圆形，锈红色或深红色，背毛26根，足4对；雌成螨体（0.42～0.5）毫米×0.3毫米，体两侧有黑斑2对；雄成螨体0.4毫米×0.2毫米。卵：近球形，直径0.13毫米，初无色透明，渐变浅红色。幼螨：近圆形，浅红色，长约0.15毫米，透明，具3对足。若螨：椭圆形，体长0.2毫米，似成螨，具4对足，体色初淡，渐变红色。（图2-109）

3. 发生特点　北方年发生12～15代，南方年发生18～20代，以雌成螨在树皮裂缝、杂草根标和土缝中越冬。翌年3月中、下旬至4月中旬枣树萌芽时出蛰活动危害，初为点片发生，以受害株为中心，靠爬行或吐丝下垂借风雨传播；6～8月为发生高峰期，危害至10月中、下旬越冬。该虫具孤雌生殖习性。卵多散产于叶背，孵化后群集于叶背基部，沿叶脉危害，并吐丝结网；在虫口密度大时，相互拥挤集结成球，聚于叶端。高温、干旱和刮风利于该虫的发生和传播，气温高于35℃时停止繁殖，强降雨对其有抑制作用。

图2-108　枣红蜘蛛危害叶状

图2-109　枣红蜘蛛

4. 防治要点

(1) 农业防治：冬、春季刮树皮、铲除杂草、清除落叶，结合施肥一并深埋，耕翻园地，消灭越冬雌虫和若虫。

(2) 药剂防治：①发芽前树体喷洒3～5波美度石硫合剂或100倍阿维柴油乳剂，消灭越冬虫源；②5月下旬若螨发生盛期是当年防治的关键期，可喷洒2%阿维菌素乳油3000倍液或20%哒螨灵乳油2000倍液、10%浏阳霉素乳油1000倍液、25%苯丁锡可湿性粉剂1000～1500倍液、20%双甲脒乳油1000倍液等。注意在点片发生的初期及时防治，可收到事半功倍的效果。

三十六、黑额光叶甲

黑额光叶甲属鞘翅目，肖叶甲科。学名：*Smaragdina nigrifrons* Hope，分布于全国各产区，危害枣、栗、花椒等果树的芽和叶。

1. 危害特点 成虫食害嫩芽和叶片成孔洞或缺刻，重时可将生长点吃光，影响树冠生长。

2. 形态鉴别 成虫：体长6.5～7毫米，宽3毫米，长方形至长卵圆形；头漆黑；前胸红褐色或黄褐色，光亮，有的生黑斑；三角形小盾片、鞘翅黄褐色至红褐色，鞘翅基部、中后部各具黑色宽横带1条；触角细短，基部4节黄褐色，其余黑色；雄虫腹面红褐色，雌虫腹面大部分呈黑色；本种背面黑斑、腹部颜色差异大；足基节、转节黄褐色，其余为黑色；头部在两复眼间横向下凹，头顶高凸；鞘翅刻点稀疏，呈不规则排列。(图2-110)

图2-110 黑额光叶甲成虫

3. 发生特点 不详。

4. 防治要点

(1) 农业防治：利用成虫假死性，震落捕杀。

(2) 药剂防治：成虫发生期，叶面喷洒40%毒死蜱乳油1000倍液或20%哒嗪硫磷乳油800～1000倍液、2.5%溴氰菊酯乳油3000倍液、10%氯氰菊酯乳油2000～3000倍液、20%氰戊菊酯乳油2000倍液等。

三十七、四星尺蛾

四星尺蛾属鳞翅目，尺蛾科。学名：*Ophthalmodes irrorataria*

Bremer et Grey，除西北少数地区外，全国各产区均有分布，危害枣、苹果、李、梨、柑橘等果树的芽、叶。

1. 危害特点 幼虫食害嫩芽和叶成缺刻或孔洞，致芽生长点受损。

2. 形态鉴别 成虫：体长18毫米，体绿褐色或青灰白色；前、后翅具多条黑褐色锯齿状横线，翅中部有1条肾形黑纹，前、后翅上各有1个星状斑，后翅内侧有1条污点带，翅反面布满污点，外缘黑带不间断。卵：椭圆形，青绿色。幼虫：老熟幼虫体长65毫米左右；体浅黄绿色，有黑色细纵条纹；腹背第二至八节上有瘤状突起各1对。蛹：长20毫米左右，体前半部黑褐色，后半部红褐色。（图2-111，图2-112）

图2-111 四星尺蛾成虫

图2-112 四星尺蛾幼虫

3. 发生特点 发生代数不详。浙江省于5月至7月中旬，以幼虫危害枣树，9月中旬化蛹。成虫晚上活动。

4. 防治要点

（1）农业防治：冬、春季耕翻园地，清除园内枯枝落叶，集中烧毁或深埋。

（2）黑光灯或频振式杀虫灯诱杀成虫。

（3）药剂防治：在低龄幼虫发生期，叶面喷洒90%晶体敌百虫或40%辛硫磷乳油800～1000倍液；20%氰戊菊酯乳油或2.5%溴氰菊酯乳油4000～5000倍液；20%抑食肼悬浮剂1500～2000倍液、25%灭幼脲悬浮剂1200～1500倍液等。

三十八、灰斑古毒蛾

灰斑古毒蛾属鳞翅目，毒蛾科。学名*Orgyia ericae* Germar，又名沙枣毒蛾，分布于东北、黄淮、西北等产区，危害枣、沙枣、苹果等果树的叶。

1. 危害特点 幼虫食害叶片，造成缺刻或孔洞，只残留叶脉。

2. 形态鉴别 成虫：雌蛾体长10~15毫米，密被白色短毛，翅退化，足短；雄蛾体长10～13毫米，前翅锈褐色，有2条横带，近后角有1个白点。卵：扁圆形，直径0.8毫米，黄白色。幼虫：体长约30毫米，头黑色，前胸背面两侧各有1簇黑色长毛束，第一至四腹节背面中央各有1排浅黄色毛刷，背线黑色，第八腹节有1簇黑色长毛束。蛹：纺锤形，黄褐色，外被黄白色丝茧。（图2-113～图2-116）

3. 发生特点 年发生2代，以卵在茧内越冬。越冬卵于翌年5月上旬至6月中旬孵化；6月上旬至7月下旬幼虫老熟，在植株上部枝梢上结茧化蛹；6月中、下旬成虫开始羽化，7月上、中旬为羽化高峰。第二代幼虫于6月下旬至7月下旬孵化，8月上旬至10月中旬在树干枝杈和开裂的树枝下面结茧化蛹，以利越冬，9月中下旬成虫羽化。雌蛾性引诱能力特别强，能招诱雄蛾于茧上交尾，卵产于茧内，产卵量数十粒至200多粒。雌蛾寿命4～11天，雄蛾趋光性强。

图2-113 灰斑古毒蛾成虫（左雌右雄）

图2-114 灰斑古毒蛾幼虫

图2-115 灰斑古毒蛾蛹

图2-116 灰斑古毒蛾茧

4. 防治要点

（1）及时摘除雌蛾茧，消灭虫卵。

（2）利用黑光灯诱杀雄成虫，使雌蛾失去交配机会，致使雌蛾不能正常产卵。

（3）药剂防治：卵孵化前后至低龄幼虫危害期，叶面喷洒40%辛硫磷乳油1000倍液或20%戊菊酯乳油1000～2000倍液、10%醚菊酯乳油800～1000倍液、20%除虫脲悬浮剂2000～2500倍液、5%氟虫脲乳油1500～2000倍液等。

三十九、草履蚧

草履蚧属同翅目，绵蚧科。学名：*Drosicha corpulenta* Kuwana，又名草履硕蚧、草鞋介壳虫、柿草履蚧，分布于全国各地，危害枣、桃、杏、石榴、苹果、柑橘等果树的枝、干。

1. 危害特点　若虫和雌成虫刺吸嫩枝芽、叶、枝干和根的汁液，削弱树势，重者致树枯死。

2. 形态鉴别　成虫：雌体长10毫米，扁平椭圆形，背面隆起似草鞋，体背淡灰紫色，周缘淡黄，体被白蜡粉和许多微毛，触角黑色丝状，腹部8节，腹部有横皱褶和纵沟；雄体长5～6毫米，翅展9～11毫米，头、胸黑色，腹部深紫红色，触角黑色念珠状，前翅紫黑色至黑色，后翅特化为平衡棒。卵：椭圆形，长1～1.2毫米，淡黄褐色；卵囊长椭圆形，白色，绵状。若虫：体形与雌成虫相似，体小，色深。雄蛹：褐色，圆筒形，长5～6毫米。（图2-117，图2-118）

图2-117　草履蚧雌成虫

图2-118　草履蚧雄成虫

3. 发生特点　年发生1代，以卵和若虫在土缝、石块下或10～12厘米深的土层中越冬。卵于2月至3月上旬孵化为若虫并出土上树，初多于嫩枝、幼芽上危害，行动迟缓，喜于皮缝、枝杈等隐蔽处群栖，稍大喜于较粗的枝条阴面群集危害；雌若虫5月中旬至6月上旬羽化，危害至6月陆续下树入土分泌卵囊，产卵于其中，以卵越夏、越冬。天敌有红环瓢虫、暗红瓢虫等。

4．防治要点

（1）雌成虫下树产卵前，在树干基部挖坑，内放杂草等诱集产卵，后集中处理。

（2）阻止初龄若虫上树：将树干老翘皮刮除10厘米宽一周，上涂胶或废机油，隔10～15天涂1次，持续涂2～3次，注意及时清除环下的若虫。树干光滑者可直接涂。

（3）保护、利用天敌。

（4）药剂防治：若虫发生期喷洒48%乐斯本乳油1500倍液或2.5%敌杀死乳油2000倍液、5%来福灵乳油2000～3000倍液等，隔7～10天喷1次，连续防治3～4次。

四十、枣龟蜡蚧

枣龟蜡蚧属同翅目，蜡蚧科。学名：*Ceroplastes japonicus* Green，又名日本蜡蚧、日本龟蜡蚧、龟蜡蚧、龟甲蜡蚧，俗称枣虱子，除新疆、西藏未见报道外，其余各枣产区均有发生，危害枣、桃、杏、石榴、柑橘等果树的枝、叶。

1．危害特点 若虫固贴在叶面上吸食汁液；排泄物布满枝叶，7～8月间的雨季易引起大量煤污菌寄生，使叶、枝条、果实布满黑霉，影响光合作用和果实生长。（图2-119）

图2-119 枣龟蜡蚧危害状

2．形态鉴别 成虫：雌体椭圆形，紫红色，背覆白色蜡质蚧壳，表面有龟状凹纹，体长约3毫米，宽2～2.5毫米；雄体长1.3毫米，翅展2.2毫米，体棕褐色，头及前胸背板色深，触角丝状，翅1对白色透明。卵：椭圆形，长径约0.3毫米，橙黄色至紫红色。若虫：体扁平椭圆形，长0.5毫米，后期虫体周围出现白色蜡壳。蛹：仅雄虫在蚧壳下化为裸蛹，梭形，棕褐色。（图2-120，图2-121）

3．发生特点 年发生1代，以受精雌虫密集在1～2年生小枝上越冬。越冬雌虫4月初开始取食，5月下旬至7月中旬产卵，卵期

图 2-120 枣龟蜡蚧雌成虫

图 2-121 枣龟蜡蚧雄虫介壳

10 ～ 24 天，6 月中旬至 7 月上旬孵化；初孵若虫多爬到嫩枝、叶柄、叶面上固着取食，8 月初雌、雄开始性分化，8 月下旬至 10 月上旬雄虫羽化，交配后即死亡，雌虫陆续由叶转到枝上固着危害，至秋后越冬。卵孵化期间，空气湿度大，气温正常，卵的孵化率和若虫成活率高。天敌有瓢虫、草蛉、长盾金小蜂、姬小蜂等。

4. 防治要点 防治关键期是雌虫越冬期和夏季若虫前期。

（1）农业防治：从 11 月至翌年 3 月刮刷树皮裂缝中的越冬雌成虫，剪除虫枝；冬、春季遇雨雪天气，及时敲打树枝震落冰凌，可使越冬雌虫随冰凌震落。

（2）保护、利用天敌。

（3）药剂防治：在 6 月末、7 月初，喷洒 50% 西维因可湿性粉剂 400 ～ 500 倍液或 50% 敌敌畏乳油 1000 倍液等；秋后或早春喷洒 5% 的柴油乳剂防效好。

四十一、康氏粉蚧

康氏粉蚧属同翅目，粉蚧科。学 名：*Pseudococcus comstocki* Kuwana，又名梨粉蚧、李粉蚧、桑粉蚧，分布于全国各枣产区，危害枣、石榴、苹果、桃、柑橘等果树的枝、叶。

1. 危害特点 成、若虫刺吸植物的幼芽、嫩枝、叶片、果实和根部的汁液，嫩枝和根部受害常肿胀且易纵裂而枯死，幼果受害多成畸形果；排泄物易诱发煤污病，影响光合作用。

2. 形态鉴别 成虫：雌体长 3 ～ 5 毫米，扁平椭圆形，体粉红色，表面被有白色蜡质物，体缘具有 17 对白色蜡丝，体前端的蜡丝较短，后端稍长，而最末一对特长，几乎与体长相等；雄体长约 1 毫米，紫褐色，翅透明，仅 1 对，翅展约 2 毫米，后翅退化成平衡棒。卵：椭圆形，长约 0.3 毫米，浅橙黄色。若虫：体扁平椭圆形，长约0.4毫米，淡黄色，外形似雌成虫。蛹：浅紫色，仅雄虫有蛹期。（图2-122，图2-123）

3. 发生特点 黄淮地区年发生3代。以卵在树干、枝条粗皮缝隙或石缝土块中以及其他隐蔽场所越冬。翌年春枣树发芽时，越冬卵孵化成若虫，开始危害幼嫩部分。第一代若虫发生在5月中、下旬，第二代若虫发生在7月中、下旬，第三代若虫发生在8月下旬。雌成虫在枝干粗皮裂缝内或果实萼筒柄洼等处产卵，有的将卵产在土内。在产卵时，雌成虫分泌大量絮状蜡质卵囊，卵即产在其中，数十粒集中成块。天敌有草蛉、瓢虫等。

4. 防治要点

（1）农业和生物防治：晚秋树干束草或绑扎破麻袋，诱雌成虫产卵，于翌年春卵孵化之前将草束等物取下烧毁。冬、春季刮树皮或用硬毛刷子刷除越冬卵，集中烧毁或深埋。有条件的地区，可人工饲养和释放捕食性草蛉、瓢虫等天敌。

（2）药剂防治：早春喷施5%轻柴油乳剂或3～5波美度石硫合剂；在各代若虫孵化期喷洒50%敌敌畏乳油1200倍液或90%晶体敌百虫1500倍液，50%速灭松乳油或10%醚菊酯乳油1000倍液等。

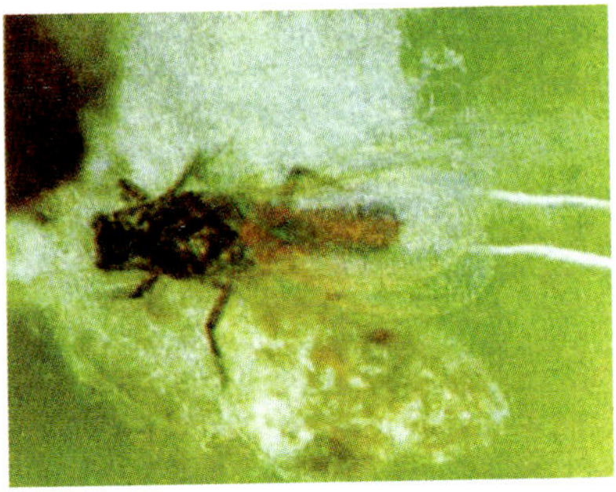

图2-122 康氏粉蚧雄成虫

图2-123 康氏粉蚧雌成虫

四十二、双线盗毒蛾

双线盗毒蛾属鳞翅目，毒蛾科。学名：*Porthesia scintillans* Walker，分布于全国多数枣产区，危害枇杷、枣、柿、桃、梨、柑橘等果树的芽、叶。

1. 危害特点 幼虫咬食新梢嫩芽和叶，致芽、叶缺刻并枯死；啃食花器和谢花后的小果，致落花、落果。

2. 形态鉴别　成虫：体长12～14毫米，翅展20～38毫米，体暗黄褐色；前翅褐色至赤褐色，内、外线黄色，前缘、外缘和缘毛柠檬黄色，外缘和缘毛被黄褐色部分分隔成3段；后翅淡黄色。卵：扁圆球形。幼虫：老熟幼虫体长21～28毫米；头部浅褐色至褐色；胸、腹部暗棕色，前中胸、第三至七腹节以及第九腹节背线黄色，中央贯穿红色细线，后胸红色，前胸侧瘤红色；第一、二、八腹节背面有黑色绒球状短毛簇，其余毛瘤为污黑色或浅褐色。蛹：圆锥形，长约13毫米，褐色，外被疏松的棕色丝茧。（图2-124～图2-126）

图2-124　双线盗毒蛾成虫

图2-125　双线盗毒蛾成虫及卵块

图2-126　双线盗毒蛾幼虫

3. 发生特点　福建年发生7代，以幼虫在寄主叶片间越冬；广州等冬季较暖地区，年发生10多代，无越冬现象。沿黄地区，4月上旬幼虫出蛰活动危害，5月上旬越冬代成虫始见。成虫昼伏夜出，有趋光性。卵块产在叶背或花穗枝梗上，上覆黄褐色或棕色毛。初孵幼虫有群集性，在叶背取食叶肉，残留上表皮；稍大后分散危害，将叶片食成缺刻或孔洞，或咬食花器，或咬食刚谢花的幼果；老熟幼虫入表土层结茧化蛹。幼虫天敌有姬蜂、小茧蜂和食虫鸟类等。

4. 防治要点

（1）农业防治：果树生长季节及冬、春季及时中耕园地和清除园内外杂草，杀死土中虫蛹。结合疏梢、疏花、疏果，捕杀幼虫。

(2) 药剂防治：卵孵化盛期和低龄幼虫期，叶面喷洒80%敌敌畏乳油800～1000倍液或10%氯氰菊酯乳油2500～3000倍液、2.5%功夫乳油2000～2500倍液、40%辛硫磷乳油1000倍液、10%吡虫啉可湿性粉剂2000倍液等。

四十三、山东广翅蜡蝉

山东广翅蜡蝉属同翅目，广翅蜡蝉科。学名：*Ricania shantungensis* Chou et Lu，分布于山东、河南等产区，危害柿、山楂、石榴等果树的枝和叶。

1. 危害特点 成、若虫危害枝、叶。成、若虫刺吸枝条、叶的汁液，产卵于当年生枝条内，致产卵部以上枝条枯死。

2. 形态鉴别 成虫：体长约8毫米，翅展28～30毫米，雌大雄小，淡褐色略显紫红，被覆稀薄淡紫红色蜡粉；前翅宽大，脉纹明显，底色暗褐色至黑褐色，被覆稀薄淡紫红色蜡粉而呈暗红褐色，有的杂有白色蜡粉而呈暗灰褐色，前缘外1/3处有1个纵向狭长半透明斑，翅后半部有2条横向白色细线；后翅淡黑褐色，半透明，前缘基部略呈黄褐色，后缘色淡。卵：长椭圆形，1.3毫米×0.5毫米，乳白色至淡黄色。若虫：体长6.5～7毫米，宽4～4.5毫米，体近卵圆形，近似成虫；初龄若虫体被白色蜡粉，腹末有4束蜡丝呈扇状，尾端多向上前弯而蜡丝覆于体背。(图2-127)

图2-127 山东广翅蜡蝉若虫和成虫

3. 发生特点 年发生1代，以卵在枝条内越冬。翌年5月卵孵化为若虫，若虫有一定群集性，活泼善跳，危害至7月底、8月中旬羽化为成虫，成虫于9月下旬至10月中、下旬产卵。成虫白天活动，触之即跳，飞行迅速，喜于嫩枝、芽、叶上刺吸汁液。成虫多选直径4～5毫米的枝条光滑部产卵于木质部内，外覆白色蜡丝状分泌物，每雌可产卵150粒左右，并在多枝上产卵，产卵部位以上枝条多枯死。

4. 防治要点

(1) 农业防治：冬、春季结合修剪剪除有卵块的枝条，集中深埋或烧毁，以减少越冬虫源。

(2) 药剂防治：若虫孵化期和危害期喷洒10%吡虫啉可湿性

粉剂3000倍液或20%叶蝉散乳油1000～1500倍液、25%扑虱灵（噻嗪酮）可湿性粉剂1000倍液等。喷药时在药剂中加入0.3%～0.5%柴油乳剂，可提高防效。

四十四、八点广翅蜡蝉

八点广翅蜡蝉属同翅目，广翅蜡蝉科。学名：*Ricania speculum* Walker，又名八点蜡蝉、八点光蝉、八斑蜡蝉、橘八点光蝉、咖啡黑褐蛾蜡蝉、黑羽衣、白雄鸡，分布于全国多数枣产区，危害枣、桃、杏、石榴、柑橘等果树的枝、叶。

1. 危害特点　成、若虫刺吸嫩枝、芽、叶汁液；排泄物易引发病害；雌虫产卵时将产卵器刺入嫩枝茎内，破坏枝条组织，被害嫩枝轻则叶枯黄、长势弱且难以形成叶芽和花芽，重则枯死。

2. 形态鉴别　成虫：体长6～7毫米，翅展18～27毫米；头、胸部黑褐色；触角刚毛状；翅革质密布纵横网状脉纹；前翅宽大，略呈三角形，翅面被稀薄白色蜡粉，翅上具灰白色透明斑5～6个；后翅半透明，翅脉煤褐色，明显，中室端有1个白色透明斑。卵：长卵圆形，长1.2～1.4毫米，乳白色。若虫：低龄乳白色；成龄体长5～6毫米，宽3.5～4毫米，体略呈钝菱形，暗黄褐色；腹部末端有4束白色绵毛状蜡丝，呈扇状伸出，中间一对略长；蜡丝覆于体背以保护身体，常可呈孔雀开屏状，向上直立或伸向后方。（图2-128～图2-130）

图2-128　八点广翅蜡蝉成虫

图2-129　八点广翅蜡蝉产卵枝

图2-130　八点广翅蜡蝉若虫

3. 发生特点 年发生1代，以卵在当年生枝条里越冬。若虫5月中、下旬至6月上、中旬孵化，低龄若虫常数头排列于同一嫩枝上刺吸汁液危害，4龄后散害于枝梢叶果间，爬行迅速，善于跳跃，若虫期40～50天。7月上旬成虫羽化，飞行力较强且迅速，寿命50～70天，危害至10月。成虫产卵期30～40天，卵产于当年生嫩枝木质部内，产卵孔排成一纵列，孔外带出部分木丝并覆有白色絮状蜡丝，极易发现与识别。成虫有趋聚产卵的习性，虫量大时被害枝上刺满产卵迹痕。

4. 防治要点

(1) 农业防治：冬、春季剪除被害产卵枝，集中烧毁，减少越冬虫源。

(2) 药剂防治：虫量多时，于6月中旬至7月上旬若虫羽化危害期，喷洒48%乐斯本乳油1000倍液或10%吡虫啉可湿性粉剂3000～4000倍液、10%氯菊酯乳油2 000倍液等。药液中加入含油量0.3%～0.4%的柴油乳剂或黏土柴油乳剂，可溶解虫体蜡粉，显著提高防效。

四十五、黑蝉

黑蝉属同翅目，蝉科。学名：*Cryptotympana atrata* Fabricius，又名蚱蝉，俗名蚂吱嘹、知了、蜘嘹，分布于全国各地，危害枣、桃、杏、石榴、苹果、柑橘等果树的枝条、根系。

1. 危害特点 成虫刺吸枝条汁液，并产卵于1年生枝条木质部内，造成枝条枯萎而死；若虫生活在土中，刺吸根部汁液，削弱树势。(图2-131)

图2-131 黑蝉危害状

2. 形态鉴别 成虫：雌体长40～44毫米，翅展122～125毫米；雄体长43～48毫米，翅展120～130毫米；体黑色，有光泽，被金色绒毛；中胸背板宽大，中间高，并具有“×”形隆起；翅透明；雄虫腹部有鸣器，发出“吱”声长鸣，雌虫则无，但有听器。卵：长椭圆形，2.5毫米×0.5毫米，白色。若虫：初孵乳白色，渐至黄褐色，体长30～37毫米；前足开掘式，能爬行。(图2-132～图2-134)

图 2-132 黑蝉成虫

图 2-133 黑蝉卵

图 2-134 黑蝉若虫

3. 发生特点 经 12 ~ 13 年完成 1 代，以卵于被害树枝内及以若虫于土中越冬。越冬卵于翌年春孵化，若虫孵化后潜入土壤 50 ~ 80 厘米深处，吸食树木根部汁液，在土中生活 12 ~ 13 年。若虫老熟后，于 6 ~ 8 月出土羽化，羽化盛期为 7 月。若虫于夜间出土，高峰时间为 20 ~ 24 时，出土后不久即羽化为成虫。成虫寿命 60 ~ 70 天，栖息于树枝上，夜间有趋光扑火的习性，白天“吱、吱”鸣叫之声不绝于耳。成虫产卵于当年生嫩梢木质部内，产卵带长达 30 厘米左右，产卵伤口深及木质部，受害枝条干缩、翘裂并枯萎。

4. 防治要点

（1）农业防治：利用若虫出土附在树干上羽化的习性和若虫可食的特点，发动群众于夜晚捕捉食用。成虫发生期，于夜间在园内、外堆草点火，同时摇动树干，诱使成虫扑火自焚。在雌虫产卵期，及时剪除产卵萎蔫枝梢，集中烧毁。

（2）药剂防治：产卵后入土前，喷洒 40% 辛硫磷乳油或 45% 马拉硫磷乳油、50% 丙硫磷乳油 1000 倍液，2.5% 敌杀死乳油或 10% 氯菊酯乳油 2000 倍液等。

四十六、豹纹木蠹蛾

豹纹木蠹蛾属鳞翅目，木蠹蛾科。学名：*Zeuzera coffeae* Nietner，分布于华东、华中、华南等枣产区，危害枣、石榴、核桃、柑橘等多种林果的枝、干。

1．危害特点 幼虫钻蛀枝干，造成枯枝、断枝，严重影响生长。(图 2-135)

2．形态鉴别 成虫：雌体长 27～35 毫米，翅展 50～60 毫米；雄体长 20 ～ 25 毫米，翅展 44 ～ 50 毫米；全体被白色鳞片；在翅脉间、翅缘和少数翅脉上有许多比较规则的蓝黑色斑，后翅除外缘有蓝黑色斑外，其他部分斑色较浅；胸背有排成 2 行的 6 个蓝黑斑点；腹部每节均有 8 个大小不等的蓝黑色斑，成环状排列；雌虫触角丝状，雄虫触角基半部羽毛状、端部丝状。卵：椭圆形，淡黄色至橘红色。幼虫：体长 40 ～ 60 毫米，红色；每体节有黑色毛瘤，瘤上有毛 1 ～ 2 根；前胸背板上有黑斑，中央有 1 条纵行的黄色细线，后缘有 1 个黑褐色突，尾板硬化。蛹：黄褐色，头部顶端有一大齿突。(图 2-136 ～图 2-138)

图 2-135 豹纹木蠹蛾危害状

图 2-136 豹纹木蠹蛾成虫

图 2-137 豹纹木蠹蛾卵

图 2-138 豹纹木蠹蛾幼虫

3. 发生特点　年发生1代，以老熟幼虫在树干内越冬。翌年春枝芽萌发后，转移到新梢继续蛀食危害。6月中旬至7月中旬羽化、交尾产卵，成虫羽化后，蛹壳一半露出孔外，长久不掉。成虫有趋光性，产卵于嫩枝、芽腋或叶上，卵期15～20天。幼虫孵化后，先从嫩梢上部叶腋蛀入危害。幼虫蛀入后，先在皮层与木质部间绕干蛀食木质部一周，因此极易从此处引起风折；再蛀入髓部，沿髓部向上蛀纵直隧道，隔不远处向外开一圆形排粪孔，被害枝梢3～5天内即枯萎；这时幼虫钻出，再向下移不远处重新蛀入。经过多次转移蛀食，当年新生枝梢可全部枯死。幼虫危害至秋末冬初，在被害枝基部隧道内越冬。天敌有茧蜂、串珠镰刀菌等。

4. 防治要点

（1）及时清除、烧毁风折枝：在园地和周围一些该虫的寄主林、果树风折枝中常有大量幼虫和蛹存在，要及时清除烧毁。

（2）药剂防治：在成虫产卵和幼虫孵化期喷洒20%杀灭菊酯乳油2000倍液或20%氰戊菊酯乳油2500倍液、90%晶体敌百虫1000倍液、50%杀螟硫磷乳油1500倍液等，消灭卵和幼虫。

四十七、六星黑点蠹蛾

六星黑点蠹蛾属鳞翅目，木蠹蛾科。学名：*Zeuzera leuconotum* Butler，又名白背斑蠹蛾、栎干蠹蛾、枣树截干虫、胡麻布蠹蛾、豹纹蠹蛾，分布于华东、华中、华南及西南等枣产区，危害枣、桃、石榴、苹果等果树的枝干。

1. 危害特点　幼虫蛀入枝干皮层和髓心部危害，致受害处以上枝条生长衰弱，重者枯死，对树体生长和开花结果影响较大。（图2-139）

图 2-139　六星黑点蠹蛾危害状

2. 形态鉴别　成虫：雌体长18～30毫米，翅展33～46毫米，体被灰白色鳞片，触角丝状，胸背具6个近圆形黑斑，前翅有10个椭圆形黑斑点，后翅前半部也布较小黑斑，腹部赤褐色，每节均生宽的黑横带，腹部各节有3块黑斑；

雄体长18～23毫米，触角双栉齿状，其他特征与雌蛾类似。卵：长椭圆形，长0.9～1毫米，浅黄色。幼虫：体长35～65毫米，头部黑色，大颚黑色、发达，前胸板、臀板黄褐色至黑褐色；前胸背板前缘有一横脊状突起；胸部浅黄色，背部浅红色，各节具小黑点数个。蛹：长15～29毫米，浅红褐色。（图2-140，图2-141）

3. 发生特点 多数地区年发生1代，河南地区2年完成1代，以幼虫在受害枝干内越冬。陕西地区4月中旬化蛹，5月中、下旬成虫羽化产卵；河南地区翌年5、6月间幼虫在隧道内化蛹，成虫7月羽化。成虫趋光性强，卵多成堆产在中龄枝干树皮上，每堆100～300粒，卵期15天左右。初孵幼虫爬行迅速，受惊吐丝下垂。幼虫从幼嫩枝芽腋处蛀入枝条髓心处危害，从尖端分段下移，大龄幼虫蛀害木质部及髓心部分，常导致枝干萎蔫枯死，果实脱落。老熟幼虫在隧道里作茧化蛹。羽化时，从羽化孔伸出半截蛹体羽化，蛹皮留在羽化孔处。

图2-140 六星黑点蠹蛾成虫

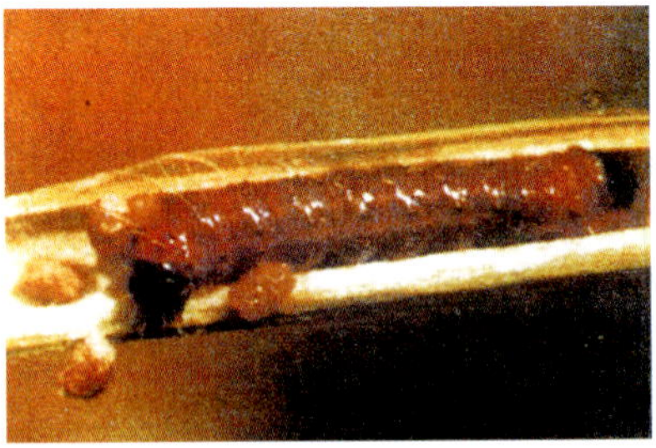

图2-141 六星黑点蠹蛾幼虫

4. 防治要点

（1）农业防治：幼虫化蛹至羽化前及时剪掉干枯的枝条，3～7月发现园内有枯黄枝叶也应及时剪除，集中烧毁。坚持实施2年可基本控制其危害。

（2）保护和利用天敌：小茧蜂在越冬后的幼虫体上可连续繁殖2代，在剪拾有虫枝条内常有一定数量的寄生蜂，将虫枝分捆立于林地内，让蜂自然扩散，待5月上旬害虫化蛹后收集虫枝烧毁，消灭虫枝中的害虫。

（3）药剂防治：在卵孵化盛期、初孵幼虫蛀入枝、干危害前，喷洒3%乙酰甲胺磷或50%杀螟松乳油1000～1500倍液，能收到良好的杀虫效果。在幼虫初蛀入韧皮部时，用40%毒死蜱柴油液

(1∶9) 或 50% 杀螟松乳油柴油溶液涂虫孔，杀虫率可达 100%。

四十八、红缘天牛

红缘天牛属鞘翅目，天牛科。学名：*Asias halodendri* Pallas，又名红缘亚天牛、红条天牛，分布于全国各枣产区，危害枣、桃、苹果、梨、杏等果树的枝干。

1. 危害特点　幼虫蛀食枝干皮层及木质部，主要危害直径 1 ~ 3 厘米的枝条，没有排粪孔，外表不易看出被害处，削弱树势，重者致枝干枯死。

2. 形态鉴别　成虫：体长约 17 毫米，体狭长，黑色；鞘翅基部有 1 个朱红色椭圆形斑，外缘有 1 条朱红色狭带纹。幼虫：老熟幼虫体长约 22 毫米，乳白色，前胸背板前方骨化部分淡褐色，分为 4 块。(图 2-142)

3. 发生特点　年发生 1 代，以幼虫在隧道端部越冬。翌年 3 月恢复活动，在皮层下木质部钻蛀扁宽蛀道。4 月中、下旬化蛹，5 月中旬至 6 月上旬成虫羽化，白天活动取食枣花等补充营养，分散产卵于 3 厘米以下衰弱枝干皮缝中。幼虫孵化后，先在韧皮部与木质部之间钻蛀，后蛀入木质部及髓部危害，严重时常把木质部蛀空，残留树皮。

图 2-142　红缘天牛成虫

4. 防治要点

(1) 农业防治：加强果园管理，增强树势，提高抗虫能力；及时清除受害枯枝，集中烧毁；人工捕捉成虫。

(2) 药剂防治：成虫盛发期喷洒 50% 辛硫磷乳油 1500 倍液或 10% 天王星乳油 3000 ~ 4000 倍液、20% 速灭杀丁乳油 2000 倍液、50% 马拉硫磷乳油 1200 倍液等。

四十九、星天牛

星天牛属鳞翅目，天牛科。学名：*Anoplophora chinensis* Forster，危害枣、柑橘、桑、杨等多种果树和林木的主干和主根。

1. 危害特点　幼虫蛀害主干基部和主根，破坏树体养分和水分的输送，致树体衰弱，重至整株枯死。成虫食叶。(图 2-143)

2. 形态鉴别　成虫：体长 20 ~ 39 毫米，全体漆黑而有光泽；前胸背板中瘤明显，侧刺突出、粗壮，小盾片披淡青色细毛；鞘翅基

图 2-143　星天牛幼虫危害状

图 2-144　星天牛成虫

图 2-145　星天牛幼虫

部密布黑色小颗粒，散布约 20 个大小不等的白色绒毛斑；触角长于或等于体长，第三至十一节基部具淡蓝色毛环。卵：长椭圆形，长 5～6 毫米，乳白色渐至黄褐色。幼虫：体长 45～67 毫米，淡黄白色，头的前端黑褐色，前胸背板前方有 2 个黄褐色飞鸟形斑纹，后方有 1 个黄褐色“凸”字形斑纹。中胸腹面、后胸及腹部第一至七节背、腹两面具小突起。蛹：长约 30 毫米，初乳白色，渐至黑褐色，触角细长卷曲，体形与成虫相似。（图 2-144，图 2-145）

3. 发生特点　年发生 1 代，以幼虫在树干基部或主根内越冬。成虫于 4 月下旬至 6 月羽化，啃食细枝皮层或食害叶片，飞行能力不强，中午多栖息枝端，寿命 1～2 个月。成虫于 5 月底至 6 月中旬产卵于离地 10 厘米以内的树干上，产卵痕为“T”形或“┌”形裂口，皮层稍隆起，表面较潮湿。幼虫孵出后蛀入皮层，逐渐向下，并横向迂回蛀食；如遇根时，则沿根下蛀，可达 30 厘米以上。幼虫在皮层蛀食 3～4 个月后，才蛀入木质部。蛀入孔多数在近地表处，少部分产卵位置较高，仅在地面以上树干内蛀害。

4. 防治要点

（1）农业防治

1）捕杀成虫：于 4 月下旬至 6 月下旬，在果园中捕杀成虫。

2）铲除卵及初孵幼虫，于5～6月产卵盛期，在树干基部10厘米范围内检查“T”形或“┌”形产卵痕，用螺丝刀刮除卵粒或初孵幼虫。

（2）药剂防治

1）消灭低龄幼虫：于7～8月，用20%辛·阿维乳油50～100倍液或50%辛·溴乳油100～150倍液等涂抹树干基部，可杀灭在树皮蛀食的低龄幼虫。

2）毒杀高龄幼虫：对已蛀入木质部的幼虫，可向虫孔注入药液或用棉球蘸药塞入所有虫孔毒杀，药剂可用80%敌敌畏乳油或40%毒死蜱乳油、40%辛硫磷乳油、20%速灭杀丁乳油50～100倍液等，注（塞）药后用泥封好蛀孔。

五十、六星吉丁虫

六星吉丁虫属鞘翅目，吉丁虫科。学名：*Chrysobothris succedanea* Saunders，又名六星金蛀甲、六斑吉丁虫、溜皮虫、串皮虫，除西藏、新疆未见报道外，其余各省均有分布，危害枣、苹果、桃、樱桃、枇杷等果树的枝干。

1. 危害特点　幼虫蛀食枝干皮层及木质部，在枝干皮层内盘旋，使木质部与韧皮部内外分离。被害部表皮变成褐色，稍凹陷，常流出红褐色树液，皮层干裂枯死。危害严重时整株枯死。成虫食叶成缺刻或孔洞。（图2-146）

图2-146　六星吉丁虫危害状

2. 形态鉴别　成虫：体长11～14毫米，宽约5毫米，头、前胸背板、鞘翅赤铜色，具紫红色闪光；触角11节；小盾片三角形；鞘翅上有4条光洁的纵脊，鞘缝隆起光洁；翅基、翅中央约2/3处各有1个凹陷的金斑，具赤铜色闪光；鞘翅端钝圆，侧缘2/5处至端部呈不规则的锯齿状，腹面铜绿色至赤铜色。卵：乳白色，椭圆形。幼虫：体长16～26毫米，体扁、头小；腹部白色，第一节特别膨大，中央有黄褐色“人”形纹，第三、四节短小，以后各节比三、四节大。蛹：乳白色。（图2-147～图2-149）

3. 发生特点　年发生1代，以幼虫在木质部内越冬。5月中、下旬羽化为成虫，中午觅偶交尾。卵多产在主干分杈和树皮裂缝中，

图 2-147　六星吉丁虫成虫

图 2-148　六星吉丁虫幼虫

图 2-149　六星吉丁虫蛹

卵期 20 天左右。6 月下旬至 7 月初幼虫孵化，蛀食树干韧皮部，至 8 月下旬进入木质部约 15 毫米深，幼虫期 270 天左右。成虫也咬食枝叶，以补充营养。天敌有啄木鸟、寄生蜂等。

4．防治要点

（1）农业防治：加强综合管理，增强树势，避免产生伤口和日灼；成虫羽化前及时清除死树、枯枝，消灭其中虫体，减少虫源；成虫发生期，于清晨在树下铺塑料膜，震落成虫，集中捕杀之，隔 3 ～ 5 天震 1 次效果较好。

（2）保护、利用天敌。

（3）药剂防治：成虫羽化初期，枝干上涂刷辛硫磷乳油、马拉硫磷乳油、菊酯类药剂或其复配药剂 200 ～ 300 倍液，触杀效果良好，隔 15 天涂 1 次，连涂 2 ～ 3 次。成虫出树后、产卵前，喷洒 48%乐斯本乳油或 50%杀螟松乳油 1000 倍液，10%灭百可乳油或 52.25%农地乐乳油 1500 倍液等。

五十一、金缘吉丁

金缘吉丁属鞘翅目，吉丁虫科。学名：*Lampra limbata* Gebler，又名翡翠吉丁、褐绿吉丁、金背吉丁，分布于全国各枣产区，危害枣、桃、梨、苹果、山楂、李等果树的枝干。

1．危害特点　幼虫蛀食枝干树皮及木质部。幼虫蛀道在韧皮部和木质部之间，蛀道内充满褐色虫粪和木屑，被害处树皮变黑，内部组织变褐。

2. 形态鉴别　成虫：体长13～17毫米，身体稍扁，翠绿色，具金属光泽，前胸背板及鞘翅外缘红色；前胸背板密布刻点；小盾片扁梯形；鞘翅上有1条由10余条蓝黑色断续的纵纹组成的纵沟；鞘翅端部锯齿状；雌虫腹部末端钝圆，雄虫稍尖。卵：椭圆形，长约2毫米，初乳白色，渐变为黄褐色。幼虫：老熟幼虫体长30～36毫米，扁平，乳白色至黄白色；头小，暗褐色；前胸膨大，背板中央有1个“人”字形凹纹；腹部10节，分节明显。蛹：体长15～20毫米，初乳白色，渐变为紫绿色，有光泽。（图2-150，图2-151）

3. 发生特点　1～2年发生1代，江西、湖北、江苏等地年发生1代，华北地区2年发生1代，均以不同龄期的幼虫在被害枝干的蛀道内越冬，越冬部位多在外皮层。翌春果树萌芽期，幼虫开始活动，老熟后在蛀道内化蛹，约4月下旬羽化为成虫。成虫羽化后暂不出洞，5月中旬向外咬一扁形羽化孔爬出，一直延续到7月上旬。成虫白天取食叶片补充营养，早晚静伏叶上，遇惊扰下坠落地，有假死习性。成虫产卵期约10天，产卵于树干皮缝和伤口处，一处产卵2～3粒，单雌产卵20～40粒。5月下旬为产卵盛期，6月上旬为幼虫孵化盛期。初孵幼虫先在皮层处取食，随虫龄增大逐渐向形成层串食，蛀道不规则，到秋后蛀入木质部越冬。蛀道绕枝干一周后，至整株（枝）枯死。

4. 防治要点

（1）农业防治：①加强栽培管理，减少树体伤口，以减少成虫产卵条件，降低危害；②根据幼树被害处凹陷变黑、易被识别的特点，经常检查并及时用刀将皮层的幼虫挖除。

图2-150　金缘吉丁虫成虫

图2-151　金缘吉丁虫幼虫

(2) 药剂防治：在成虫羽化后、出洞前，在枝干上喷洒50%辛硫磷乳油800倍液或90%晶体敌百虫600倍液；在成虫出洞后，喷洒80%敌敌畏乳油1000倍液或50%杀螟硫磷乳油1200倍液、40.7%毒死蜱乳油2000倍液；在6～7月幼虫孵化期，人工刮除幼虫，并在树干上涂抹80%敌敌畏乳油100倍液或3%氯氰菊酯乳油200倍液、50%马拉硫磷乳油150倍液等。

五十二、黑翅土白蚁

黑翅土白蚁属等翅目，白蚁科。学名：*Odontotermes formosanus* Shiraki，分布于黄河以南及西南各产区，危害枣、柿、板栗、茶、柑橘等树的树干及根茎。

1. 危害特点 白蚁营巢于土中，取食树木的根茎部，并在树木上修筑泥被，啃食树皮，也能从伤口侵入木质部危害。苗木受害后常枯死，成年树被害后生长不良。此外，白蚁还危及堤坝安全。(图2-152，图2-153)

2. 形态鉴别 有翅繁殖蚁：体长12～18毫米，头、胸、腹背面黑褐色，翅暗褐色，触角19节，全身密被细毛，前胸背板中央有1个淡色“十”字形纹。卵：乳白色，椭圆形，长径0.6毫米。兵蚁：体长5～6毫米，头暗黄色，胸、腹部淡黄色至灰白色；头部毛稀疏，胸腹部毛较密集。工蚁：体长5～6毫米，头黄色，胸、腹部灰白色。(图2-154～图2-156)

3. 发生特点 筑巢地下，危害树木时一般先取食树干表皮和木栓层，后期才向木质部深入。5～6月及9月为两个危害高峰，7～8月则在早、晚和雨后活动。每年4月底、5月初在蚁巢附近出现成群的圆锥形突起分飞孔。相对湿度

图2-152 黑翅土白蚁危害状

图2-153 黑翅土白蚁蚁巢

图 2-154　黑翅土白蚁有翅繁殖蚁

图 2-155　黑翅土白蚁脱翅繁殖蚁

图 2-156　黑翅土白蚁工蚁

95% 以上的闷热天气或大雨后，有翅繁殖蚁从分飞孔飞出，脱翅并雌雄配对后钻入地下建立新巢，成为新蚁巢的蚁后和蚁王。有些位于浅土层的幼龄巢和菌圃腔，在 6 ～ 8 月连降暴雨后地面上会长出鸡枞菌，可作为确定蚁巢的标志。蚁巢由小增大，一个大巢群内白蚁达 200 万头以上。兵蚁保卫蚁巢，工蚁担负采食、筑巢和抚育幼蚁等工作，蚁王和蚁后匿居蚁巢内繁殖后代。工蚁在树干上取食时做泥线或泥坡，可高达数米，形成泥套，这是白蚁危害的重要特征。

4. 防治要点

（1）清理杂草、朽木和树根，减少白蚁食料。

（2）在白蚁分飞季节，用黑光灯诱杀。

（3）白蚁诱杀包诱杀：每 667 平方米放置 15 ～ 25 个，经 2 ～ 3 个月，蚁巢可被消灭。

（4）开沟灌药液灭蚁：于树干四周开沟，灌入 10%氯氰菊酯乳油或 20%氰戊菊酯乳油、10%灭扫利乳油、48%乐斯本乳油、50%辛硫磷乳油等 150 ～ 500 倍液，然后覆土。

（5）蚁巢灌药：发现蚁巢后，用上述药液灌入巢内，每巢 1 ～ 20 千克，杀蚁效果好。

第三章

枣园害虫主要天敌保护与鉴别利用

一、食虫瓢虫

食虫瓢虫属鞘翅目，瓢虫科。瓢虫的种类多达4000多种，其中80%以上是肉食性的，常见的有七星瓢虫、四斑月瓢虫、二星瓢虫、小红瓢虫、大红瓢虫、异色瓢虫、黑背小毛瓢虫、澳洲瓢虫、深点食螨瓢虫、黑襟毛瓢虫、龟纹瓢虫、孟氏隐唇瓢虫等，均为天敌昆虫，全国各产区均有分布。我国利用瓢虫防治果树害虫已达数十种。（图3-1～图3-6）

1. 防治对象 以成虫、幼虫捕食叶螨、蚜虫、介壳虫、粉虱、木虱、叶蝉等小体型昆虫及鳞翅目低龄幼虫和卵。

图3-1 七星瓢虫成虫

图3-2 七星瓢虫幼虫

图3-3 七星瓢虫蛹

图3-4 四斑月瓢虫

图 3-5 异色瓢虫

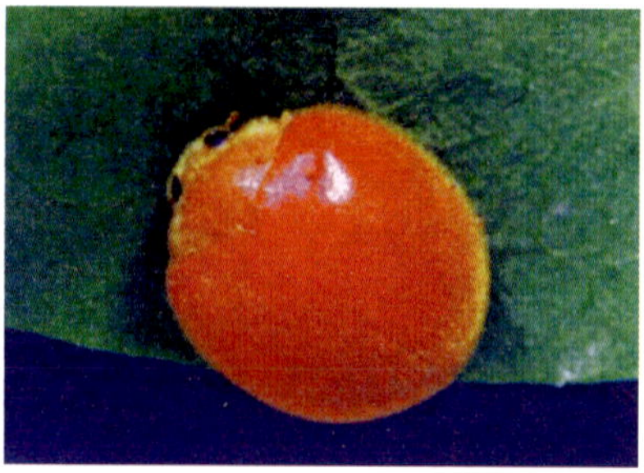

图 3-6 大红瓢虫

2. 生活习性 捕食性瓢虫食量很大，如异色瓢虫的 1 龄幼虫每天捕食蚜虫数量为 10 ～ 30 头，4 龄幼虫为每天 100 ～ 200 头，成虫食量更大。而深点食螨瓢虫能捕食果树、蔬菜、花卉及林木中的多种螨类的成虫、若虫和卵，它的成虫和幼虫发生时期长，世代重叠，食量大，对果树上的螨类有较好的控制作用。

3. 利用方法

(1) 利用七星瓢虫等防治果树蚜虫：食蚜瓢虫除七星瓢虫外，还有四斑月瓢虫、二星瓢虫、异色瓢虫、龟纹瓢虫、六斑月瓢虫等。于 4 ～ 5 月间把麦田的上述瓢虫引移到果园，每 667 平方米移入 1000 头以上，可有效地防治果树蚜虫；也可在早春利用田间的蚜虫饲养繁殖瓢虫，然后散放到果园中控制果树蚜虫，效果好。

(2) 利用澳洲瓢虫、大红瓢虫、小红瓢虫防治果树害虫吹绵蚧：4 ～ 6 月移殖散放到果园中心枝叶茂密、吹绵蚧多的果树上，每 500 株受害树散放 200 头成虫，散放后 2 个月可消灭吹绵蚧。

(3) 利用食螨瓢虫防治果树害螨：常用的有深点食螨瓢虫、广东食螨瓢虫、拟小食螨瓢虫、腹管食螨瓢虫。生产上，华北地区用深点食螨瓢虫防治苹果叶螨效果很好，后 3 种分布于东南各省。在 4 ～ 5 月和 9 ～ 10 月将食螨瓢虫散放在果树枝条上，于每 667 平方米果园中央 10 株放 200 ～ 400 头，可控制山楂叶螨等。

二、草蛉

草蛉属脉翅目，草蛉科。幼虫又称蚜狮。草蛉种类多，分布广，食性杂，已知有 86 属 1350 多种，中国有 15 属 100 余种，常见的有中华草蛉、大草蛉、丽草蛉、叶色草蛉、晋草蛉等，分布在长江流域及北方各省，普通草蛉分布在新

疆、黄淮、台湾等地。(图 3-7 ~ 图 3-9)

1. 防治对象 草蛉是捕食性天敌昆虫。成虫、幼虫捕食螨类、蚜虫类、白粉虱、叶蝉、介壳虫、蓟马等多种小体型害虫以及蝶蛾类和叶甲类的卵和幼虫。

图 3-7 草蛉成虫

图 3-8 草蛉卵

图 3-9 草蛉幼虫

2. 生活习性 草蛉食量大，行动迅速，捕食能力强。草蛉在华北地区年发生 3～5 代。其成虫产卵量大，少者 300～400 粒，多者达 1000 粒以上。草蛉发育一代需 22～43 天。1 头大草蛉幼虫一生可捕食各类蚜虫 600 头以上；1 头中华草蛉 1～3 龄幼虫平均日最多可捕食若螨 400 ~ 700 头左右，同时还可捕食其他害虫的卵和幼虫。中华草蛉控制害虫的作用非常明显。

3. 利用方法 晋草蛉嗜食螨类，可用于防治山楂叶螨、卵形短须螨。大草蛉嗜食蚜虫，用于防治枣树上的蚜虫。利用方法是：在上述螨类、蚜虫初发时投放即将孵化的灰色蛉卵；也可把蛉卵放入 1% 琼脂液中，用喷雾法施放。

草蛉的饲养：将新羽化的成虫集中大笼饲养，喂饲清水和啤酒酵母干粉加食糖混合（10 ∶ 8）的人工饲料；进入产卵前期转入产卵笼饲喂，每笼养雌草蛉 50 ~ 75 头，搭配少量雄虫，笼内壁围衬卵箔纸，24 小时可获草蛉卵 700 ~ 1000 粒，每天更换卵箔纸 1 次，添加清水和饲料；把卵箔装进塑料袋，封口，置于 8 ~ 12℃条件下，存放 30 天，卵仍可孵化。

三、寄生蜂、蝇类

（一）寄生蜂

寄生蜂属膜翅目，分属姬蜂科、小蜂科等，种类多，分布广，我国应用较多的有赤眼蜂、蚜茧蜂、甲腹茧蜂、上海青蜂、跳小蜂和姬小蜂、姬蜂和茧蜂等。

1. 防治对象 以雌成虫产卵于鳞翅目害虫，如桃蛀螟、果剑纹夜蛾、刺蛾、桃小食心虫、卷叶蛾及蚜虫等寄主体内或体外，以幼虫取食寄主的体液摄取营养，致寄主死亡。

2. 生活习性 不同的寄生蜂对寄主的寄生方式不同，可以分别寄生卵、幼虫、蛹和成虫、若虫。

（1）赤眼蜂：是一种寄生在害虫卵内的寄生蜂，我国应用较多的有松毛虫赤眼蜂、拟澳洲赤眼蜂、舟蛾赤眼蜂及稻螟赤眼蜂等。该类蜂体型很小，眼睛鲜红色，故名赤眼蜂。它能寄生400余种昆虫的卵，尤其喜欢寄生鳞翅目昆虫的卵，例如果树上的刺蛾等，是果园害虫的重要天敌。果树上常见的松毛虫赤眼蜂，在自然条件下，华北地区年发生10～14代，每头雌蜂可繁殖子代40～176头。利用松毛虫赤眼蜂防治果园梨小食心虫，每667平方米放蜂量8万～10万头，梨小食心虫卵寄生率为90%，虫害明显降低，其效果明显好于化学防治。（图3-10）

（2）蚜茧蜂：是一种寄生在蚜虫体内的重要天敌。蚜茧蜂在4～10月均有成虫发生，每头雌蜂产卵量数粒至数百粒，尤其喜欢寄生2～3龄若蚜，6～9月寄生率较高，有时寄生率高达80%～90%，对蚜虫种群有重要的抑制作用。（图3-11）

（3）甲腹茧蜂：果园常见的是桃小甲腹茧蜂，年发生2代，寄主为桃小食心虫，以幼虫在桃小食

图3-10 赤眼蜂成虫

图3-11 蚜茧蜂寄生后的僵蚜

心虫越冬幼虫体内越冬，世代发生与寄主同步，寄生率可达 25% ~ 50%。

（4）跳小蜂和姬小蜂：为旋纹潜叶蛾的主要天敌，均在寄主蛹内越冬，年发生 4 ~ 5 代，越冬代成虫 5 月将卵产于寄主幼虫体内，寄生率可达 40% 以上。（图 3-12）

（5）姬蜂和茧蜂：可寄生多种害虫的幼虫和蛹，枣树上主要有桃小食心虫白茧蜂和花斑马尾姬蜂。白茧蜂年发生 4 ~ 5 代，产卵于寄主卵内，随寄主卵孵化而取食发育，直至将寄主幼虫致死。马尾姬蜂年发生 2 代，以幼虫在寄主幼虫体内越冬，翌春待寄主化蛹后将其食尽，并在寄主蛹壳内化蛹。（图 3-13 ~ 图 3-15）

3. 利用方法 以赤眼蜂为例。用蓖麻蚕、柞蚕及松毛虫的卵繁殖松毛虫赤眼蜂和拟澳洲赤眼蜂，这两种赤眼蜂在蓖麻蚕卵内，25℃发育历期 10 ~ 12 天，每年可繁殖 30 ~ 50 代。繁殖时可从田间采集

图 3-12 上海青蜂成虫

图 3-13 广黑点瘤姬蜂成虫

图 3-14 绒茧蜂成虫

图 3-15 害虫体上的茧蜂幼虫

被赤眼蜂寄生的卵，羽化后进行鉴定再饲养。用于寄生的蓖麻蚕卵先洗掉表面胶质，用白纸涂薄胶后，把蚕卵均匀粘上，制成卵箔或称卵卡。繁蜂时把卵箔置于繁蜂箱透光一面，当种蜂羽化 30% ~ 40% 时接蜂，成蜂趋光并趋向蚕卵寄生。种蜂和蓖麻蚕卵的比为 2∶1 或 1∶1，适温 25 ~ 28℃，相对湿度以 85% ~ 90% 为宜。田间放蜂、繁蜂及防治对象的卵期应掌握恰当才能有效。制好的蜂卡要在蜂发育到幼虫期或预蛹期时置于 10℃ 以下冷藏保存，50 ~ 90 天内羽化率不低于 70%。放蜂时，把即将羽化的预制蜂卡按布局分放在田间，使其自然羽化；也可先在室内使蜂羽化，再饲以糖蜜，然后到田间均匀释放。防治发生代数较多或产卵期较长的害虫时，应在害虫产卵期内多次放蜂。

（二）寄生蝇

寄生蝇属双翅目，寄蝇科，是果园害虫幼虫和蛹的主要天敌，防治对象与寄生蜂类基本相同。其与苍蝇的主要区别是身上有很多刚毛，种类很多，果树上常见的有卷叶蛾赛寄蝇、伞裙追寄蝇等，寄主为桃小食心虫、大袋蛾、棉铃虫、小地老虎等。（图 3-16）

图 3-16　寄生蝇寄生木蠹蛾幼虫

四、捕食螨

捕食螨属蛛形纲，分属不同的科，是以捕食害螨为主的有益螨类的统称。我国有利用价值的捕食螨种类有智利小植绥螨、东方植绥螨、尼氏钝绥螨、东方钝绥螨、拟长毛钝绥螨、西方盲走螨等。（图 3-17，图 3-18）

1. 防治对象　以成、若虫捕食害螨和蚜虫、介壳虫、叶蝉等小体型害虫和卵。

2. 生活习性　在捕食螨中，以植绥螨最为理想，它捕食凶猛，具有发育周期短、捕食范围广、捕食量大等特点。1 头雌螨能消灭 5 头害螨在半月内繁殖的群体，同时还捕食一些蚜虫、介壳虫等小体型害虫。植绥螨发生代数因种类而异，一般年发生 8 ~ 12 代，以雌成虫在枝干树皮裂缝或翘皮下越冬。幼螨孵化后随即取食，成、若螨均可捕食害螨的各虫态。

图 3-17 钝绥螨（上）捕食红蜘蛛

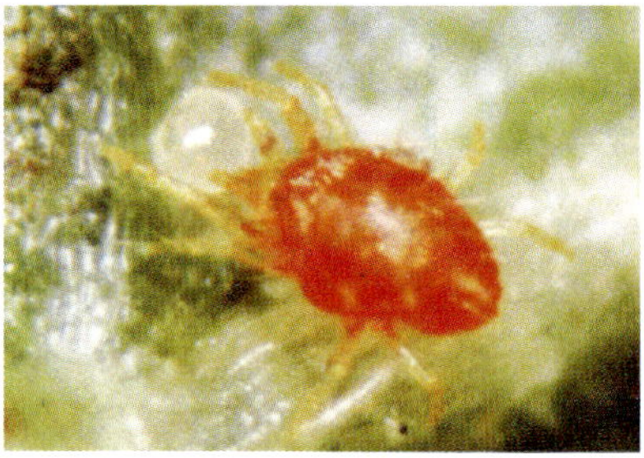
图 3-18 具瘤神蕊螨捕食红蜘蛛卵(上)

3. 利用方法

（1）我国对几种植绥螨的饲养繁殖多采用隔水法：即在瓷盆内垫泡沫塑料，上盖一层薄膜，饲料和植绥螨放在薄膜上，盘中加浅水隔离，防止植绥螨逃逸。饲料以喜食的害螨为主，也可用 20% ~ 50% 的蜂蜜水、鲜花粉或干燥 2 年的柑橘花粉。

（2）适时在果园中释放植绥螨：果园内种植益螨栖息植物，如豆类等，增加其栖息场所和食料来源；合理灌溉，提高果园相对湿度；加强测报，必要时进行挑治，以利益螨繁殖，使益螨种群数量增加，维持益、害螨之间的数量平衡，把害螨控制在经济阈值允许的范围之内。

五、蜘蛛

蜘蛛属蜘蛛纲，蛛形目，种类多，种群的数量大，分属不同的科。我国有 3000 多种，现已定名 1500 余种，其中 80% 生活在果园中，是害虫的主要天敌，如三突花蛛、草间小黑蛛、八斑球腹蛛、拟水狼蛛等。（图 3-19）

1. 防治对象 捕食同翅目、鳞翅目、直翅目、半翅目、鞘翅目等多种害虫，如蚜虫、花弄蝶、毛虫类、蝽象、叶蝉、飞虱、卷叶蛾等的成虫、幼虫和卵。

2. 生活习性 蜘蛛寿命较长，小体型为半年以上，大体型可达多年；两性生殖，雄蛛体小，出现时间短，通常采到的多为雌蛛；抗逆性强，耐高温、低温和饥饿；为肉

图 3-19 蜘蛛

食性动物，性情凶猛，行动敏捷，专食活体，在它的视力范围或丝网附近的猎物很少能够逃脱；分结网和不结网两类，前者在地面土壤间隙做穴结网或在树冠上、草丛中结网，捕食落入网中的害虫，后者在地面游猎捕食地面和地下的害虫，也可从树上、草丛、水面或墙壁等处猎食，无固定的栖息场所。捕食时先用螯肢刺入活虫体内，注入毒液使之麻痹，然后取食。

3. 利用方法

（1）创造适于蜘蛛生存的环境条件，特别注意不要人为破坏蜘蛛结的丝网；收集田边、沟边杂草等处的蜘蛛，助其迁入果园。

（2）人工繁殖：人工繁殖母蛛越冬，待其产卵孵化后，分批释放至果园，增加果园有益蛛量；或于 2 ~ 3 月在田间收集越冬卵囊，冷藏在 0℃左右的低温下，经 40 天对孵化无影响，待果树发芽后放入果园。

（3）防治害虫时选择高效低毒农药，不准用剧毒农药，以免伤及害虫天敌。

六、食蚜蝇

食蚜蝇属双翅目，食蚜蝇科，种类多，分布广，主要有黑带食蚜蝇、斜斑额食蚜蝇等。（图 3-20，图 3-21）

图 3-20 食蚜蝇成虫

图 3-21 食蚜蝇幼虫

1. 防治对象 捕食果树蚜虫、叶蝉、介壳虫、飞虱、蓟马、叶螨等小体型害虫和蝶蛾类害虫的卵和初龄幼虫。

2. 生活习性 成虫颇似蜜蜂，但腹部背面大多有黄色横带，喜取食花粉和花蜜。卵单产，白色，大多产于蚜虫群中或其周围。黑带食蚜蝇是果园中较常见的一种。幼虫蛆形，头尖尾钝，体壁上有纵向条纹，碰到蚜虫就用口器咬住不放，举在空中吸食，把体液吸干后丢弃在一旁，继续捕食。幼虫孵化后即可捕食蚜虫，每只幼虫一生可捕食数百头至数千头蚜虫。黑带食蚜蝇在华北地区年发生4～5代，卵期3～4天，幼虫期9～11天，蛹期7～9天，多以末龄幼虫或蛹在植物根际土中越冬，翌春4月上旬成虫出现，4月下旬在果树及其他植物上活动取食，5～6月各虫态发生数量较多，7～8月蚜虫等食料缺乏时，幼虫在叶背或卷叶中化蛹越夏，秋季又继续取食或转移至果园附近农田或林木上产卵，孵化后继续取食蚜虫，秋后入土化蛹。

3. 利用方法

（1）种植蜜源植物，招引和诱集食蚜蝇繁衍。

（2）人工繁殖和释放。

（3）提倡使用高效低毒低残留农药，禁用剧毒农药，保护天敌。

七、食虫蝽象

食虫蝽象属半翅目，蝽总科，是果园害虫天敌的一大类群，种类很多，主要有茶色广喙蝽、东亚小花蝽、小黑花蝽、黑顶黄花蝽、白带猎蝽、褐猎蝽等。（图3-22，图3-23）

1. 防治对象　以成、若虫捕食蚜虫、叶螨、介壳类、叶蝉、蓟马、蝽象以及鳞翅目、鞘翅目害虫的卵及低龄幼虫。

2. 生活习性　食虫蝽象与有害蝽象的区别：有害蝽象有臭味，其喙由头顶下方紧贴头下，直接向体后伸出，不呈钩状；而食虫椿象大多无臭味，喙坚硬如锥，基部向前延伸，弯曲或呈钩状，不紧贴头下。在北方果区多数食虫蝽象年发生4代，发生期4～10月，以雌成虫在果树枝、干的翘皮下越冬，翌年4月开始活动取食。若虫孵化后即可以取食，专门吸食害虫的卵汁或幼、若虫体液。食虫蝽象捕食能力很强，1头小黑花蝽成虫日平均捕食各种虫态叶螨20头、卵20粒、蚜虫27头。

图3-22　光肩猎蝽成虫

图3-23　光肩猎蝽若虫

3．利用方法

（1）创造适于天敌活动的环境条件，招引和诱集天敌。

（2）人工繁殖和释放。

（3）果园用药要选用对天敌杀伤力小的农药，保护天敌。

八、螳螂

螳螂属螳螂目，螳螂科，俗称“砍刀”，种类多，分布广，我国有50多种，常见的有广腹螳螂、大刀螳螂、薄翅螳螂、中华螳螂等。（图3-24，图3-25）

图3-24　螳螂雌成虫

图3-25　螳螂茧

1．防治对象　捕食蚜虫类、蛾蝶类、甲虫类、蝽象类等60多种果园害虫，食性很杂。

2．生活习性　北方果区年发生1代，以卵在树枝上越冬。每年5月下旬至6月下旬孵化为若虫，8月羽化为成虫，成虫交尾后雌成虫即将雄成虫吃掉，9月后产卵越冬。自春至秋田间均有发生，成、若虫期100～150天，其间均可捕食害虫。若虫具有跳跃捕食习性。1～3龄若虫喜食蚜虫，特别是有翅蚜；3龄以后嗜食体壁较软的鳞翅目害虫；成虫则可捕食各类虫态的害虫。螳螂食量大，1只螳螂一生可捕食害虫2000多头。其捕食有两大特点，一是只捕食活的猎物；二是即使吃饱了，见到猎物不吃也要杀死，即螳螂特有的杀死性。

3．利用方法

（1）人工繁殖和释放：螳螂产卵后，采集产有螳螂卵的枝条，放在室内保护越冬，第2年待初孵若虫出现时释放到果园，每667平方米释放200～300头。

（2）注意化学药剂的品种选择、喷药量和喷药时期，尽量避免在杀死害虫的同时也杀死螳螂。

九、白僵菌

白僵菌为虫生真菌，属半知菌类，是昆虫的主要病原真菌。

1. 防治对象 可防治鳞翅目、鞘翅目、半翅目、同翅目、直翅目、膜翅目等200多种害虫的幼虫，如危害果树的桃小食心虫、桃蛀螟、刺蛾类、夜蛾类、梨虎象、柑橘卷叶蛾、拟小黄卷蛾、褐带长卷蛾、后黄卷叶蛾、荔枝蝽等。（图3-26，图3-27）

2. 作用机理 白僵菌菌剂一般为白色至灰白色粉状物，是白僵菌的分生孢子，国产白僵菌粉剂每克含活孢子50亿～80亿个。菌剂喷洒到害虫体上后，菌丝穿透幼虫体壁，在体内大量繁殖，约经2～3天致害虫死亡。死虫体壁坚硬，体表长满白色菌丝及孢子，称为白僵虫。虫体上的孢子随风扩散，遇到其他害虫又可传染，使害虫致病死亡。白僵菌寄主专一性强（对桃小食心虫的自然寄生率可达20%～60%），持效性长，可保护天敌，致死害虫速度虽不及化学农药效果明显，但对环境不会造成污染。

3. 利用方法

（1）用于防治桃小食心虫和蛴螬：在果园桃小食心虫越冬幼虫出土和脱果初期以及蛴螬活动盛期，树下地面喷洒白僵菌粉每平方米8克与25%辛硫磷微胶囊剂每平方米0.3毫升的混合液，防效明显。用白僵菌高效菌株B-66处理地面，可使桃小食心虫出土幼虫大量感病死亡，幼虫僵死率达85.6%，并显著降低蛾、卵数量。

（2）防治蚜虫：在蚜虫发生严重时喷洒白僵菌制剂，感染该菌的蚜虫死后表面呈白色，症状明显。

利用白僵菌制剂防治害虫时，菌液要随配随用，配好的菌液应在2小时内喷完，以免孢子过早萌发，失去致病力；田间湿度大、菌剂与虫体接触，防治效果才好。

十、苏云金杆菌

苏云金杆菌属细菌，又叫Bt，亦称“424”，另杀螟杆菌、青虫菌、

图3-26 白僵菌致金龟子成虫死亡状

图3-27 白僵菌致蛀干害虫死亡状

松毛虫杆菌、“7216”等都属于苏云金杆菌类。利用其制成的杀虫剂称为细菌杀虫剂。

1. 防治对象 能杀死农、林、果木的多种害虫，尤其对鳞翅目幼虫（如刺蛾类、卷叶蛾类、桃蛀螟、桃小食心虫、枣尺蠖等）防治效果好，且对草蛉、瓢虫等捕食性天敌无害。(图 3-28)

2. 作用机理 是目前世界上产量最大的微生物杀虫剂，已有100多种商品制剂。其制剂因采用的原料和方法不同，呈浅黄色、黄褐色或黑色粉末，每克含活孢子100亿～300亿个，可以喷雾、喷粉、泼浇或制成毒土和颗粒剂。杀虫细菌是一种好气性细菌，芽孢对高温忍耐力较强，制剂不受潮湿、保存适当可数年不丧失毒力。其杀虫机理是：害虫食菌后破坏害虫的肠道，影响取食，致害虫死亡。杀虫效果对老熟幼虫比幼龄害虫好。

3. 利用方法

（1）喷雾防治桃蛀螟、刺蛾和卷叶蛾类：选择有露水的早晨或空气湿度较大的傍晚，用每克含活孢子数为100亿的菌粉300～500倍液喷雾，使用时加0.1%的洗衣粉或豆面作为黏着剂，提高防治效果。

（2）菌粉应放在干燥阴凉处保存，避免水湿、曝晒；对家蚕有毒，严禁在桑园使用；因杀虫速度比化学农药慢，施药期应稍加提前。

图 3-28　苏云金杆菌致鳞翅目幼虫死亡状

十一、核多角体病毒

感染昆虫的病毒有3大类，即多角体病毒、颗粒病毒和无包涵病毒，其中利用最多的是多角体病毒。

1. 防治对象 致使近200种昆虫感染发病，主要是鳞翅目幼虫，如大袋蛾等。(图 3-29)

图 3-29　鳞翅目幼虫感染病毒死亡状

2. 利用方法 饲养健康的幼虫至3龄末时，用带病毒的饲料喂食使其感染，3天后幼虫开始死亡；将死虫收集在棕色瓶里，即制成毒剂，贮存备用。防治大袋蛾时，可在卵盛期喷布。每667平方米用30～50头死虫，研碎后用2层纱布过滤，再用少量清水冲洗，加至所需水量；每667平方米所用病毒制剂内加30克充分研碎的活性炭保护剂可提高防效。每代需喷2～3次，相隔5～7天。以此法防治2次的防效达84%以上，高于其他化学农药，且可以保护天敌。

十二、食虫鸟类

我国以昆虫为主要食料的鸟类约有600种，常见的有大山雀、燕子、大杜鹃、大斑啄木鸟、灰喜鹊、喜鹊、戴胜、黄鹂、柳莺等。（图3-30，图3-31）

1. 防治对象 可啄食多种农、林、果木的害虫，主要有叶蝉、叶蜂、蚜虫、木虱、蟒象、金龟甲、蝶蛾类幼虫等，果园内所有害虫都可能被取食，对害虫的控制作用非常大。虽然鸟类也啄食成熟的果实，使果实失去食用价值，但利大于弊。

2. 生活习性

（1）大山雀：山区、平原均有分布，地方性留鸟，喜在果园及灌木丛中活动，善跳跃和飞翔。其多在树洞、墙洞中筑巢，产卵3～5枚；食量很大，1头大山雀1天捕食害虫的数量相当于自身体重。在大山雀的食物中，农林害虫数量约占80%。（图3-32）

（2）大杜鹃：夏候鸟或旅鸟，和鸽子大小相近，喜栖息在开阔的林地，以取食大型害虫为主，特别喜食一般鸟类不敢啄食的毛虫，如刺蛾等害虫的幼虫。1头成年杜鹃1天可捕食300多头大型害虫。（图3-33）

（3）大斑啄木鸟：身体上黑下白，尾下呈红色。在树上活动时，一面攀登，一面以嘴快速叩树，叩树之声不绝于耳，若树上有虫，则快速啄破树皮，用舌钩出害虫吞食，主要捕食鞘翅目害虫、蟒象、天牛蛀干幼虫等。其食量很大，每天可取食1000～1400头害虫幼虫。（图3-34）

（4）灰喜鹊：留鸟，全体灰色，灵活敏捷，善飞翔，喜在密集的果园和森林中群居和筑巢，喜食金龟子、刺蛾、蓑蛾等30余种害虫。1头灰喜鹊全年可吃掉1.5万头害虫。（图3-35）

3. 利用方法

（1）禁止人为破坏鸟巢，以及捕猎、毒害鸟类。

（2）招引鸟类：冬季在果园为食虫益鸟给饵，在干旱地区给

图 3-30 戴 胜

图 3-31 黑枕黄鹂

图 3-32 大山雀

图 3-33 大杜鹃

图 3-34 大斑啄木鸟

图 3-35 灰喜鹊

水，在果园栽植益鸟食饵植物，在果园内设置人工鸟巢箱等，为益鸟的栖息和繁殖创造条件。

(3) 避免频繁使用广谱性杀虫剂，以免误伤鸟类。

(4) 人工饲养和驯化当地鸟类，必要时可操纵其治虫。

十三、蟾蜍（癞蛤蟆）、青蛙

蟾蜍是无尾目、蟾蜍科动物的总称，全国各地均有分布，有300多种。青蛙是无尾目、蛙科动物的总称，有650余种。青蛙和蟾蜍的区别：皮肤比较光滑、身体比较苗条、善于跳跃、会游泳的称为青蛙（图3-36）；而皮肤比较粗糙、身体比较臃肿、不善跳跃、不会游泳的称为蟾蜍。(图3-37)

1. 防治对象 主要捕食蚱蜢、蝶蛾类幼虫、象鼻虫、蝼蛄、金龟甲、蚜虫等多种害虫。

2. 生活习性 青蛙和蟾蜍冬季多潜伏在水底淤泥里或烂草里，也有的在陆上泥土里越冬。从春末至秋末，白天栖息于石块下、草丛、土洞或池塘、水沟、小河内，黄昏和夜间捕食，有的昼夜均可取食，但以夜间的为多，尤其喜雨后捕食各种害虫；捕食量大，1头青蛙日捕食70多头害虫，对控制果园害虫效果明显。

3. 利用方法

(1) 禁止捕食青蛙和捕捞蝌蚪。

(2) 合理使用农药，禁止使用高毒、高残留农药，保护蛙类。

(3) 有目的的饲养：当田埂边或将要断水的沟渠中有蛙卵和蝌蚪时，及时捞取，放入有水沟渠中，使蛙卵正常孵化，使蝌蚪正常生长。

图3-36 青蛙

图3-37 蟾蜍

第四章

枣病虫无公害综合防治

一、适宜枣园使用的农药种类及其合理使用

无公害枣生产使用的农药药剂必须是经国家正式登记的产品，不能使用有致癌、致畸、致突变危险的或有嫌疑的药剂。

（一）允许使用的部分农药品种及使用要求

在枣园无公害果品生产中，要根据防治对象的生物学特性和危害特点合理选择允许使用的药剂品种，主要有如下种类。

1．植物源杀虫、杀菌素 包括除虫菊素、鱼藤酮、烟碱、苦参碱、植物油、印楝素、苦楝素、川楝素、茴蒿素、松脂合剂、芝麻素等。

2．矿物源杀虫、杀菌剂 包括石硫合剂、波尔多液、机油乳剂、柴油乳剂、石悬剂、硫磺粉、草木灰、腐必清等。

3．微生物源杀虫、杀菌剂 如Bt乳油、白僵菌、阿维菌素、中生菌素、多氧霉素和农抗120等。

4．昆虫生长调节剂 如灭幼脲、除虫脲、卡死克、性诱剂等。

5．低毒低残留化学农药

（1）主要杀菌剂有：5%菌毒清水剂，80%喷克可湿性粉剂，80%大生M-45可湿性粉剂，70%甲基托布津可湿性粉剂，50%多菌灵可湿性粉剂，40%福星乳油，1%中生菌素水剂，70%代森锰锌可湿性粉剂，70%乙膦铝锰锌可湿性粉剂，843康复剂，15%粉锈宁乳油，75%百菌清可湿性粉剂，50%扑海因可湿性粉剂等。

（2）主要杀虫、杀螨剂有：1%阿维菌素乳油，10%吡虫啉可湿性粉剂，25%灭幼脲3号悬浮剂，50%辛脲乳油，50%蛾螨灵乳油，20%杀铃脲悬浮剂，50%马拉硫磷乳油，50%辛硫磷乳油，5%尼索朗乳油，20%螨死净悬浮剂，15%哒螨灵乳油，40%蚜灭多乳油，99.1%加德士敌死虫乳油，5%卡死克乳油，25%扑虱灵可湿性粉剂，25%抑太保乳油等。

允许使用的化学合成农药每种每年最多使用2次，最后一次施药距安全采收间隔期应在20天以上。

（二）限制使用的部分农药品种及使用要求

限制使用的化学合成农药品种主要有：48% 乐斯本乳油，50% 抗蚜威可湿性粉剂，25% 辟蚜雾水分散粒剂，2.5% 功夫乳油，20% 灭扫利乳油，30% 桃小灵乳油，80% 敌敌畏乳油，50% 杀螟硫磷乳油，10% 歼灭乳油，2.5% 溴氰菊酯乳油，20% 氰戊菊酯乳油，40% 乐果乳油等。

无公害果品生产中限制使用的农药品种，每年最多使用 1 次，施药距安全采收间隔期应在 30 天以上。

（三）禁止使用的农药

在无公害枣果品生产中，禁止使用剧毒、高毒、高残留、致癌、致畸、致突变和具有慢性毒性的农药，主要包括：

有机磷类杀虫剂，如甲拌磷、乙拌磷、久效磷、对硫磷、甲基对硫磷、甲胺磷、甲基异柳磷、特丁硫磷、甲基硫环磷、治螟磷、内吸磷、氧化乐果、磷胺、灭线磷、硫环磷、蝇毒磷、地虫硫磷、氯唑磷、苯线磷、水胺硫磷；

氨基甲酸酯类杀虫剂，如克百威、涕灭威、灭多威；

二甲基甲脒类杀虫剂，如杀虫脒；

取代苯类杀虫剂，如五氯硝基苯、五氯苯甲醇；

有机氯杀虫剂，如滴滴涕、六六六、毒杀芬、二溴氯丙烷、林丹；

有机氯杀螨剂，如三氯杀螨醇、克螨特；

砷类杀虫、杀菌剂，如福美砷、甲基砷酸锌、甲基砷酸铁铵、福美甲、砷酸钙、砷酸铅；

氟制类杀菌剂，如氟化钠、氟化钙、氟乙酰胺、氟铝酸钠、氟硅酸钠、氟乙酸钠；

有机锡杀菌剂，如三苯基醋酸锡、三苯基氯化锡；

有机汞杀菌剂，如氯化乙基汞（西力生）、醋酸苯汞（赛力散）；

二苯醚类除草剂，如除草醚、草枯醚；

以及国家规定无公害果品生产禁止使用的其他农药。

（四）无公害果品生产中允许和禁止使用的天然植物生长调节剂及使用要求

允许使用的植物生长调节剂及使用要求：赤霉素类、细胞分裂素类，如苄基腺嘌呤（BA）、玉米素等，要求每年最多使用 1 次，施药距安全采收期应间隔 20 天以上；也可使用能够延缓生长、促进成花、改善树体结构、提高果实品质及产量的其他生长调节物质，如乙烯利、矮壮素等。

禁止使用污染环境及危害人

体健康的植物生长调节剂，如比九(B_9)、萘乙酸、2，4-二氯苯氧乙酸（2，4-D）等。

（五）科学合理使用农药

1．对症施药　根据田间的病虫害种类和发生情况选择农药，防治病害以保护性杀菌剂为基础。

2．适时施药　根据预测预报和病虫害的发生规律，确定使用药剂的最佳时期。

3．使用农药要喷布均匀周到　选择合适的药械和使用方法，保证使用的农药准确、均匀、到位。

4．严格按照农药的使用剂量使用农药　同一种类的允许使用的药剂、一个生长周期：一般保护性杀菌剂可以使用3～5次；具有内吸性和渗透作用的农药可以使用1～2次，最好只使用1次；杀虫剂可以使用1～2次，最好只使用1次。

5．严格按农药的安全间隔期使用农药　允许使用的农药品种禁止在采收前20天内使用；限制使用的农药禁止在采收前30天内使用。如果出现特殊情况，需要在采收前安全间隔期内使用农药，必须在植保专家指导下采取措施，确保食品安全。

6．严格对于使用农药的安全管理　每一个生产者必须对枣园中使用农药的时间、农药名称、使用剂量等进行严格、准确的记录。

7．严禁使用未经国家有关部门核准登记的农药化合物。

8．其他情况按国家标准《农药合理使用准则》GB/T 8321（所有部分）规定执行。

二、无害化病虫害综合防治

（一）病虫害防治的基本原则

病虫无公害防治的基本原则是综合利用农业的、生物的、物理的防治措施，创造不利于病虫害发生而有利于各类自然天敌繁衍的生态环境，通过生态技术控制病虫害的发生。优先采用农业防治措施，本着“防重于治”、“农业防治为主、化学防治为辅”的无公害防治原则，选择合适的可抑制病虫害发生的耕作栽培技术，通过平衡施肥、深翻晒土、清洁果园等一系列措施控制病虫害的发生。尽量利用灯光、色彩、性诱剂等诱杀害虫，采用机械、人工以及热消毒、隔离、色素引诱等物理措施防治病虫害。一旦需采用化学方法进行防治病虫害时，注意严禁使用国家明令禁止使用的农药及果树上不得使用的农药，并尽量选择低毒、低残留、植物源、生物源、矿物源农药。

（二）病虫害防治的基本措施

1．农业防治　农业防治是根据农业生态环境与病虫发生的关系，通过改善和改变生态环境，调整品种布局，充分应用品种抗病、抗虫性以及一系列栽培管理技术，有目的地改变果园生态系统中的某些因素，使之不利于病虫害的流行和发生，达到控制病虫危害、减轻灾害程度、获得优质、安全果品的目的。农业防治方法是果园生产管理中的重要部分，不受环境、条件、技术的限制，虽不如化学防治那样直接、迅速地杀死病虫，却可以长期控制病虫害的发生，大幅度减少化学药剂的使用量，有利于果园长期、可持续发展。

(1) 植物检疫：植物检疫是贯彻“预防为主，综合防治”的重要措施之一，即凡是从外地引进或调出的苗木、种子、接穗、果品等，都应进行严格检疫，防止危险性病虫害的扩散。

(2) 清理果园，减少病源：枣园中多数病虫在病枝或残留在园中的病叶、病果上越冬、越夏，及时清理果园可以破坏病虫越冬的潜藏场所和条件，有效地减少病害侵染源，降低害虫发生基数，可以很好地预防病害的流行和虫害的发生。秋季或早春清扫枯枝落叶，集中高温堆沤，可消灭其中越冬病菌和害虫。结合修剪，剪除病虫枝条、病芽，摘除病虫果、叶，剪除病虫枝条，可以有效地防治天牛类、刺蛾类、食心虫、介壳虫等害虫。对于病虫株残体和落在地面上的病虫果，应及时清除并高温堆沤或深埋，可以大大减少病虫的传播与危害。此外，及时清除田间杂草，不但减少了杂草种子在果园的残留，亦可大大减少害虫寄生的机会。

(3) 合理整形修剪，改善果园通风、透光条件：果园在密闭条件下病虫害发生严重，过于茂盛的枝叶常成为小型昆虫繁衍的有利场所。合理整形修剪使树体枝组分布均匀，改善了树冠内通风、透光条件，可以有效地控制病虫害的发生。

(4) 科学施肥，合理灌溉：加强肥、水管理对提高树体抵抗病虫害能力有明显效果，而对具有潜伏侵染特点的病害和具有刺吸式口器的害虫的抵抗作用尤其明显。施肥种类及用量与病虫害发生有密切关系，不要过量施用氮肥，避免引起枝叶徒长，树冠内郁闭，而诱发病虫发生。厩肥堆积过多，常成为蝇、蚊、蛴螬等土栖昆虫的栖息繁殖场所，因此提倡配方施肥、平衡施肥、多施充分腐熟的有机肥、增施磷钾肥，以提高植株抗病性，增强土壤通透性，改善土壤微生物群落，提高有益微生物的生存数量，并保证根系发育健壮。此外，减少氮肥，增施磷钾肥，能增强树体对病害侵染的抵抗力。

果园湿度过大易导致真菌类病害疫情的发生，湿度越大病害越重。果树生长中、后期灌水过多，易使果树贪青徒长，枝条发育不充实，冬季抵抗冻害的能力差。因此，果园浇水应尽量避免大水漫灌，以免造成园内湿度过大，诱发病害发生，宜尽量采用滴灌等节水措施。利用滴灌技术、覆盖地膜技术可以有效地控制园内空气湿度，防止病害的发生。遇大雨后，应及时排水，避免影响果树生长和降低抵抗病虫害能力。

（5）刮树皮，刮涂伤口，树干涂白：危害枣的多种害虫的卵、蛹、幼虫、成虫以及多种病菌孢子隐居在树体的粗翘皮裂缝里休眠越冬，而病虫越冬基数与来年危害程度密切相关，应刮除枝、干上的粗皮、翘皮和病疤，铲除腐烂病、干腐病等枝干病害的菌源，这样做同时还可以促进老树更新生长。刮皮一般以入冬时节或第二年早春2月间进行，不宜过早或过晚，以防止树体遭受冻害以及失去除虫治病的作用。幼龄树要轻刮，老龄树可重刮。操作动作要轻，防止刮伤嫩皮及木质部，影响树势，一般以彻底刮去粗皮、翘皮而不伤及白颜色的活皮为限。刮皮后，皮层集中烧毁或深埋，然后用石灰水涂白剂在主干和大枝伤口处进行涂白，既可以杀死潜藏在树皮下的病虫，还可以保护树体不受冻害。石灰涂白剂的配制材料和比例：生石灰10千克，食盐150～200克，面粉400～500克，加清水40～50千克，充分溶化搅拌后刷在树干伤口处，以不流淌、不结块为度。由虫伤或机械伤引起的伤口是最容易感染病菌和害虫喜欢栖息的地方，应将腐皮朽木刮除，用刀削平伤口后，涂上5波美度石硫合剂或波尔多液消毒，促进伤口早日愈合。

（6）刨树盘：刨树盘是枣树管理的一项常用措施。该措施既可起到疏松土壤、促进枣树根系生长的作用，又可将地表的枯枝落叶翻于地下，把土中越冬的害虫翻于地表。

（7）树干绑缚草绳，诱杀多种害虫：不少害虫喜在主干翘皮、草丛、落叶中越冬，利用这一习性，于果实采收后在主干分枝以下绑缚3～5圈松散的草绳，诱集消灭害虫。草绳可用稻草或谷草、棉秆皮拧成，绑缚要松散，以利于害虫潜入。

（8）人工捕虫：许多害虫有群集和假死的习性，如多种金龟子有假死性和群集危害的特点，可以利用害虫的这些习性进行人工捕捉。再如黑蝉若虫可食，在若虫出土季节，可以发动群众捕而食之。

(9) 园内种植诱集作物，诱集害虫集中危害而消灭：利用桃蛀螟、桃小食心虫对玉米、高粱趋性更强的特性，在园内种植玉米、高粱等，诱其集中危害而消灭。

(10) 园内放养鸡、鸭等家禽：啄食害虫，减轻危害。

2. 物理机械防治 是根据害虫的习性而采取机械方法防治害虫的技术。

(1) 黑光灯诱杀：常用 20 W 或 40W 黑光灯管做光源，在灯管下接一个水盆或一个广口瓶，瓶中放些毒药，以杀死掉进的害虫。此法可诱杀晚间出来活动的害虫，如桃蛀螟、黄刺蛾、茎窗蛾成虫等。

(2) 糖醋液诱杀：许多成虫对糖醋液有趋性，因此可利用该习性进行诱杀。方法是：在成虫发生的季节，将糖醋液盛在水碗或水罐内制成诱捕器，将其挂在树上，每天或隔天清除死虫。糖醋液的制备方法：酒、水、糖、醋按 1：2：3：4 的比例放入盆中，盆中放几滴毒药，并不断补足糖醋液。

(3) 性外激素诱杀：昆虫性外激素是由雌成虫分泌的用以招引雄成虫来交配的一类化学物质，通过人工模拟其化学结构合成的昆虫性外激素已经进入商品化生产阶段。性外激素已明确的果树害虫种类大约有 30 多种。

1) 利用性外激素诱捕器诱杀：目前国内外应用的性外激素捕获器类型有 5 大类 20 多种，如黏着型、捕获型、杀虫剂型、电击型和水盘型。我国在果树害虫防治上已经应用的有桃蛀螟、桃小食心虫、桃潜蛾、梨小食心虫、苹果小卷叶蛾、苹果褐卷叶蛾、梨大食心虫、金纹细蛾等昆虫的性外激素。捕获器的选择及捕获器放置的地点、高度和用量要根据害虫种类、虫体大小、气象因素等确定在果园放置一定数量的性外激素诱捕器能够诱捕到雄成虫，导致雌、雄成虫的比例失调，减少了自然界雌、雄虫交配的机会，从而达到治虫的目的。

2) 干扰交配（成虫迷向）：在果园内悬挂一定数量的害虫性外激素诱捕器诱芯作为性外激素散发器，这种散发器不断将昆虫的性外激素释放到田间，使雄成虫寻找雌成虫的联络信息发生混乱，从而失去交配的机会。在果园的试验结果表明，在每 667 平方米内栽植 110 棵枣树的情况下，每棵树上挂 3 ~ 5 个桃小食心虫性外激素诱芯能起到干扰成虫交配的作用。此法打破害虫的生殖规律，使大量的雌成虫不能产下受精卵，从而极大地降低幼虫数量。

(4) 水喷法防治：在果树休眠期（11 月中、下旬）用压力喷水泵喷枝干，喷到流水程度，可以消灭在枝干上越冬的介壳虫。

（5）果实套袋：果实套袋栽培是近几年我国推广的优质果品技术。果实套袋后，既能增加果实着色，提高果面光洁度，减少裂果，又能防止病菌和害虫直接侵染果实，减少农药在果品中的残留。

3. 生物防治 运用有益生物防治果树病虫害的方法称为生物防治法。生物防治是进行无公害果品生产、有效防治病虫害的重要措施。在果园自然环境中有数百种有益天敌昆虫资源和能促使果树害虫致病的病毒、真菌、细菌等微生物，保护和利用这些有益生物是果品病虫无公害防治的重要手段。生物防治的特点是不污染环境，对人、畜安全无害，无农药残留，符合果品无公害生产的目标，应用前景广阔。但该技术难度较大，研究和开发水平较低，目前应用于防治实践的有效方法还较少。各果园可以因地制宜，选择适合自己的生物防治方法，并与其他防治方法相结合，采取综合治理的原则防治病虫害。

（1）利用寄生性天敌昆虫防治虫害：寄生性昆虫活动特点是以雌成虫产卵于寄主（害虫）体内或体外，以幼虫取食寄主的体液摄取营养，从而导致寄主死亡，而成虫则以花粉、花蜜等为食或不取食；除了成虫以外，其他虫态均不能离开寄主而独立生活。果园害虫天敌主要有：寄生卷叶虫的中国齿腿姬蜂、卷叶蛾瘤姬蜂、卷叶蛾绒茧蜂；寄生梨小食心虫的梨小蛾姬蜂、梨小食心虫聚瘤姬蜂；寄生潜叶蛾、刺蛾的刺蛾紫姬蜂、刺蛾白跗姬蜂、潜叶蛾姬小蜂等寄生蜂类；寄生鳞翅目害虫幼虫和蛹的寄生蝇类，如寄生梨小食心虫的稻苞虫赛寄蝇、日本追寄蝇，寄生天幕毛虫的天幕毛虫追寄蝇、普通怯寄蝇等。

（2）利用捕食性天敌昆虫防治害虫：捕食性天敌昆虫靠直接取食猎物或刺吸猎物体液来杀死害虫，致死速度比寄生性天敌快得多。例如：捕食叶螨类的深点食螨瓢虫、腹管食螨瓢虫、大草蛉、中华通草蛉、食蚜瘿蚊等；捕食蚜虫的七星瓢虫；捕食介壳虫的黑缘红瓢虫、红点唇瓢虫等。此外，还有螳螂、食蚜蝇、食虫蝽象、胡蜂、蜘蛛等多种捕食性天敌，抑制害虫的作用非常明显。

（3）利用食虫鸟类防治虫害：鸟类在农林生物多样性中占有重要地位，它与害虫形成相互制约的密切关系，是害虫天敌的重要类群。我国以昆虫为主要食料的鸟类约有600多种，如大山雀、大杜鹃、大斑啄木鸟、灰喜鹊、家燕、黄鹂等，主要或全部以昆虫为食物，对控制害虫种群作用很大。

（4）利用病原微生物防治病虫害

1）利用病原微生物防治害虫：在自然界中，有一些病原微生物（如细菌、真菌、病毒、线虫等）在条件合适时能引发害虫流行病，致使害虫大量死亡。利用病原微生物防治虫害主要有细菌、真菌、病毒3大类制剂。

2）利用病原微生物防治病害：主要是利用某些真菌、细菌和放线菌对病原菌的杀灭作用防治病害，方法是直接把人工培养的抗病菌施入土壤或喷洒在植物表面，控制病菌发育。目前国外已制成对部分病原微生物有抑制作用的微生物产品，如美国生产的防治根癌病的放射性土壤杆菌菌系K_{84}，应用效果显著。此外，国内也已分离出一些菌株。在土壤中多施用有机肥，促进多种天然存在的抗生菌大量繁殖，可有效防治果树根系病害，也是利用病原微生物防治病害的可行措施。

目前国内应用病原微生物防治病虫害的制剂主要有苏云金杆菌、白僵菌制剂、病原线虫。

（5）利用昆虫激素防治害虫：对危害相对简单的关键害虫以及世代较长、单食性、迁移性小、有抗药性、蛀茎蛀果害虫更为有效。昆虫激素主要有保幼激素、蜕皮激素、性信息激素3大类，其杀虫机理是使害虫生长发育异常而死亡。利用性外激素不仅可以诱杀成虫、干扰交配，还可根据诱虫时间和诱虫量指导害虫防治，提高防效。

4．化学防治 使用化学药剂防治病虫害具有作用迅速、见效快、方法简便的特点，在现阶段果品生产中仍具有不可替代的作用。然而，化学药剂的长期使用存在着引起害虫抗性、污染环境、减少物种多样性、在果品中残留有危害人体健康的有毒物质等多方面副作用。尤其随着人民生活水平的提高，消费者越来越注重食品安全问题，因此如何科学、合理、正确的使用化学药剂生产无公害果品已日益受到重视。

无公害果品生产并非完全禁止使用化学药剂，使用时应当：遵守有关无公害果品生产操作规程和农药使用标准，合理选择农药种类，正确掌握用药量；加强病虫测报工作，经常调查病虫发生情况，选择有利时机适时用药；选择对人、畜安全、不伤害天敌、不污染环境同时又可以有效杀死有害病虫的农药品种；严禁使用一切汞制剂农药以及其他高毒、高残留、致畸、致癌、致残农药，严禁使用未取得国家农药管理部门登记和没有生产许可证的农药。